普通高等教育"十三五"规划教材（计算机专业群）

大学计算机基础上机实践教程
（第五版）

主　编　何振林　罗　奕

副主编　胡绿慧　杨　霖　何剑蓉　李源彬

中国水利水电出版社
www.waterpub.com.cn

·北京·

内 容 提 要

  本书是《大学计算机基础》（第五版）（何振林、罗奕主编）一书的配套教材，分 9 章共 29 个实验，以 Windows 7 为背景，安排了计算机基础知识、Windows 7 操作系统、网络与 Internet 应用、数据的表示与存储、Access 数据库技术基础、Python 程序设计基础、Word 2010 文字处理、Excel 2010 电子表格、PowerPoint 2010 演示文稿等内容的实践练习。

  本书语言流畅、结构简明、内容丰富、条理清晰、循序渐进、可操作性强，同时注重应用能力的培养。

  本书既可作为应用型高等学校、高职高专和成人高校非计算机专业学生计算机基础课程的上机辅导教材，也可供各类计算机培训及自学者使用。

图书在版编目（C I P）数据

大学计算机基础上机实践教程 / 何振林，罗奕主编
. -- 5版. -- 北京 : 中国水利水电出版社，2019.5
普通高等教育"十三五"规划教材. 计算机专业群
ISBN 978-7-5170-7707-7

Ⅰ. ①大… Ⅱ. ①何… ②罗… Ⅲ. ①电子计算机－
高等学校－教学参考资料 Ⅳ. ①TP3

中国版本图书馆CIP数据核字(2019)第098982号

策划编辑：寇文杰 责任编辑：张玉玲 加工编辑：吕 慧 封面设计：李 佳

书　名	普通高等教育"十三五"规划教材（计算机专业群） **大学计算机基础上机实践教程（第五版）** DAXUE JISUANJI JICHU SHANGJI SHIJIAN JIAOCHENG
作　者	主 编　何振林　罗 奕 副主编　胡绿慧　杨 霖　何剑蓉　李源彬
出版发行	中国水利水电出版社 （北京市海淀区玉渊潭南路 1 号 D 座　100038） 网址：www.waterpub.com.cn E-mail: mchannel@263.net（万水） 　　　　sales@waterpub.com.cn 电话：(010) 68367658（营销中心）、82562819（万水）
经　售	全国各地新华书店和相关出版物销售网点
排　版	北京万水电子信息有限公司
印　刷	三河市鑫金马印装有限公司
规　格	184mm×260mm　16 开本　16.75 印张　415 千字
版　次	2010 年 7 月第 1 版　2010 年 7 月第 1 次印刷 2019 年 5 月第 5 版　2019 年 5 月第 1 次印刷
印　数	0001—6000 册
定　价	32.00 元

前　　言

计算机是一门实践性很强的学科，能熟练使用计算机已经是人们需掌握的最基本的技能之一。计算机应用能力的培养和提高，要靠大量的上机实践与实验来实现。为配合教材《大学计算机基础》（第五版）（何振林、罗奕主编）的学习和对其内容的理解，我们编写了这本《大学计算机基础上机实践教程》（第五版）。

本教程内容新颖，强调操作能力培养和综合应用，使读者能够快速掌握办公自动化技术、多媒体技术、网络环境下的计算机应用新技术。

本书以 Windows 7 为背景，安排了计算机基础知识、Windows 7 操作系统、网络与 Internet 应用、数据的表示与存储、Access 数据库技术基础、Python 程序设计基础、Word 2010 文字处理、Excel 2010 电子表格、PowerPoint 2010 演示文稿等内容的实践练习。

本教材在编写时力求做到语言流畅、结构简明、内容丰富、条理清晰、循序渐进、可操作性强，同时注重应用能力的培养。全书设计的实验较多，这样便于各任课教师根据实际的教学情况灵活安排。教材中安排 29 个实验，在每个实验中又分别设置了若干个小的实验，以对应《大学计算机基础》（第五版）各个章节的不同内容；在每个实验后面还安排了大量的综合练习题，供读者加深对该部分的理解与提高。

所有实验，就其内容来说，可划分为以下 9 章：

第 1~2 章：从实验一到实验六，主要安排了有关 Windows 7 操作系统的基本操作与使用实验。介绍了键盘操作与指法练习、Windows 7 的基本操作、文件与文件夹的操作、磁盘管理与几个实用程序、Windows 7 的系统设置与维护等。

第 3 章：包括实验七和实验八，主要内容是 TCP/IP 网络配置与文件夹共享和 Internet 基本使用。这两个实验帮助读者快速了解计算机的网络配置，进行网络浏览等。

第 4 章：安排有实验九，在此实验中，通过 FTP 服务器配置与使用以及百度网盘的使用，帮助读者理解远程存储的应用，初步了解云存储的基本使用。

第 5 章：本章安排有 Access 数据库技术的实践练习，主要内容有 Access 数据库与数据表、SQL 查询、查询与数据的导出等。

第 6 章：安排有 6 个 Python 程序设计实验，帮助读者理解算法的含义，掌握 Python 程序设计，使读者具备使用 Python 语言进行程序设计的初步能力。

第 7 章：从实验十七到实验二十三，实验内容是 Word 的基本操作、Word 表格与图形、Word 的高级操作等。通过这 7 个实验，使读者能快速全面地掌握 Word 2010 文字处理软件的使用精髓。

第 8 章：从实验二十四到实验二十六，主要实验内容有 Excel 的初步使用、Excel 数据管理以及 Excel 数据的图形化。

第 9 章：从实验二十七到实验二十九，安排有 3 个实验，即 PowerPoint 的使用初步、幻灯片的修饰和编辑以及 PowerPoint 的高级操作。

本教程可作为大中专院校开设"大学计算机基础"课程的配套实验教材，也可供自学《大学计算机基础》的读者参考。

本书由何振林、罗奕任主编，胡绿慧、杨霖、何剑蓉、李源彬（四川农业大学）任副主编，参加编写的还有孟丽、赵亮、张勇、肖丽、王俊杰、刘剑波、钱前、刘平、杜磊、庞燕玲、何若熙等。

本书在编写过程中，参考了大量的资料，在此对这些资料的作者表示感谢，同时在这里也特别感谢我的同事，他们为本书的写作提供了无私的建议。

本书的编写得到了中国水利水电出版社全方位的帮助，以及有关兄弟院校的大力支持，在此一并表示感谢。

由于时间仓促及作者的水平有限，虽经多次修改，书中难免存在错误和不妥之处，恳请广大读者批评指正。

编　者
2019 年 3 月

目　　录

第 1 章　计算机基础知识

实验一　Windows 7 基础

实验目的

（1）掌握 Windows 7 开启与退出的正确方法。

（2）Windows 7 的基本操作。

实验内容与操作步骤

实验 1-1　Windows 7 正常启动的操作。

（1）打开计算机电源。依次打开外部设备的电源开关和主机电源开关；计算机执行硬件测试，正确测试后开始系统引导。

（2）Windows 7 开始启动。若在安装 Windows 7 过程中设置了多个用户使用同一台计算机，启动过程将出现如图 1-1 所示的提示画面，选择确定用户后，完成最后启动。

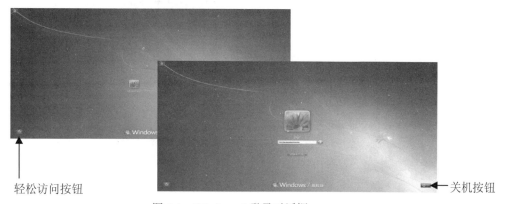

轻松访问按钮　　　　　　　　　　　　　　　　　　　　　　　　　　　　关机按钮

图 1-1　Windows 7 登录对话框

（3）启动完成后，出现 Windows 7 桌面，如图 1-2 所示。

图 1-2　Windows 7 操作系统的初始界面

实验 1-2　注销当前用户，以其他用户名登录。

（1）单击 Windows 7 桌面左下角的"开始"按钮 ，弹出"开始"菜单。

（2）将鼠标移到"关机"选项按钮右侧箭头的 按钮处，在弹出的"关闭选项"列表框中单击"注销"选项，如图 1-3 所示。

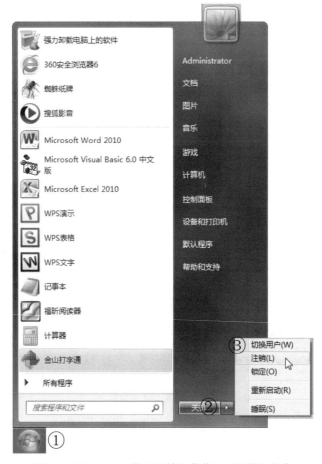

图 1-3　Windows 7 的"开始"菜单及"注销"命令

（3）接着系统注销当前用户，并出现登录对话框，如图 1-1 所示。

（4）在登录对话框中单击选择某用户并输入密码，按"确定"按钮 。

（5）Windows 7 将以新的用户名登录并进入桌面状态。

实验 1-3　关闭计算机或重新启动 Windows 7 的操作。

要关闭计算机或重新启动 Windows 7，用户可在如图 1-3 所示的菜单中，单击"关机"按钮或"重新启动"按钮。

实验 1-4　Windows 7 的基础使用。

操作内容如下：

（1）启动并登录计算机。

按主机前置面板上的"电源开关"按钮，启动并登录进入 Windows 7，观察 Windows 7 桌面的组成。

（2）将 Windows 7 桌面改回 Windows 9X 经典桌面显示方式。

● 将鼠标指向桌面中的空白处并右击，在出现的快捷菜单中，执行"个性化"命令，打
开"个性化"设置窗口，如图 1-4 所示。

图 1-4　桌面"个性化"设置窗口

● 在"更改计算机上的视觉效果和声音"列表框中，单击"基本和高对比度主题"项
目下的"Windows 经典"图标，稍等一会，桌面的视觉效果和 Windows 9X 版本大
体相同。

（3）鼠标的基本操作练习。

● 按住鼠标左键，将"计算机"图标移动到桌面上其他位置。

● 用鼠标双击或右击打开"计算机"窗口。

● 用鼠标实行拖拽操作改变"计算机"窗口的大小和在桌面上的位置。

● 用鼠标的右键拖动"计算机"图标到桌面某一位置，松开后，选择某一操作。

● 将鼠标指向任务栏的右边系统通知区的当前时间 14:15 2013/7/9 图标，单击打开"日期和

时间属性"对话框，用户可在此对话框中调整系统时间与日期。

● 在 Windows 7 桌面上，双击打开 Internet Explorer 浏览器。

● 单击"开始"→"所有程序"→"附件"→"计算器"或"记事本"命令，打开"计
算器"或"记事本"程序。

实验 1-5　使用"Windows 任务管理器"查看已打开的程序，利用进程关闭程序。

"Windows 任务管理器"为用户提供了有关计算机性能的信息，并显示了计算机上所运
行的程序和进程的详细信息；如果连接到网络，那么还可以查看网络状态并迅速了解网络是如
何工作的。

"Windows 任务管理器"的用户界面提供了文件、选项、查看、窗口、帮助等五大菜单项，界面中还有应用程序、进程、服务、性能、联网、用户等六个标签页，窗口底部则是状态栏，从这里可以查看到当前系统的进程数、CPU 使用比率、物理内存使用比率等数据。

在实验开始之前，请先将 Windows Media Player（媒体播放器）、计算机、计算器（Caculator）、写字板（WordPad）、记事本（NotePad）等几个程序打开。

打开"Windows 任务管理器"的方法是：右击任务栏的空白处，在弹出的快捷菜单中单击"启动任务管理器"命令（也可按下组合键 Ctrl+Shift+Esc），打开"Windows 任务管理器"窗口，如图 1-5 所示。

1."应用程序"选项卡

在"应用程序"选项卡中，显示了所有当前正在运行的应用程序，不过它只会显示当前已打开窗口的应用程序，而 QQ、MSN Messenger 等最小化至系统通知区的应用程序则并不会显示出来。

单击"结束任务"按钮直接关闭某个应用程序，如结束"无标题-记事本"；如果需要同时结束多个任务，可以按住 Ctrl 键复选。单击"新任务"按钮，可以直接打开相应的程序、文件夹、文档或 Internet 资源。

2."进程"选项卡

单击"查看"→"选择列"命令，在弹出的"选择列"对话框中设置要显示的信息，设置后的"进程"选项卡如图 1-6 所示。

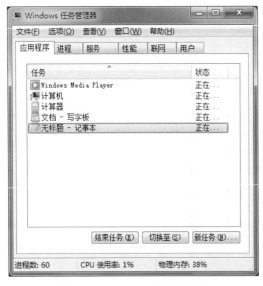

图 1-5   Windows 任务管理器

图 1-6   "进程"选项卡

"进程"选项卡用于显示关于计算机上正在运行的进程的信息，包括应用程序、后台服务等。如果电脑已中病毒，则隐藏在系统底层深处运行的病毒程序或木马程序也可以找到。

找到需要结束的进程名，然后执行右键菜单中的"结束进程"命令，就可以强行终止，如 notePad.exe（记事本）。不过这种方式将丢失未保存的数据，而且如果结束的是系统服务，则系统的某些功能可能无法正常使用。

3."性能"选项卡

在"性能"选项卡中,可以查看计算机性能的动态变化,例如 CPU 和各种内存的使用情况,如图 1-7 所示。

4."用户"选项卡

如图 1-8 所示是"用户"选项卡。在"用户"选项卡中,显示了当前已登录和连接到本机的用户数、标识(标识该计算机上的会话的数字 ID)、状态(正在运行、已断开)、客户端名,可以单击"注销"按钮重新登录,或者通过"断开"按钮连接与本机的连接,如果是局域网用户,还可以向其他用户发送消息。

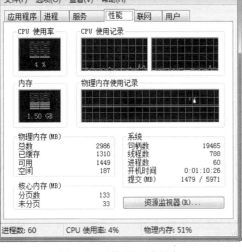

图 1-7 "性能"选项卡

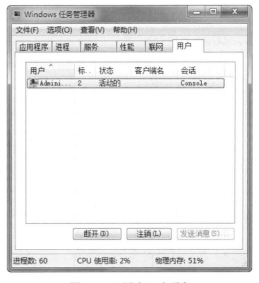

图 1-8 "用户"选项卡

思考与综合练习

1. 在 Windows 7 桌面上建立如图 1-9(a)所示结构的文件夹,再将新建的文件 ywlx.txt 和 zw.doc 分别移动到 Windows 和 Word 文件夹中,如图 1-9(b)所示。

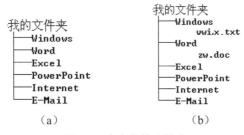

图 1-9 自定义的文件夹

2. 两次打开"记事本"程序 notepad.exe,然后使用"Windows 任务管理器"关闭"记事本"程序 notepad.exe。

3. 要求:利用"开始"菜单,搜索本地硬盘中所有的 EXE 文件。

实验二　键盘操作与指法练习

实验目的

（1）掌握一种中英文打字练习软件的使用。
（2）了解压缩软件 WinRAR 的基本使用方法。
（3）掌握汉字输入法的使用。
（4）了解"记事本"和"写字板"程序的启动、文件保存和退出的方法。

实验内容与操作步骤

实验 2-1　掌握"金山打字通 2013"（简称"金山打字"）中英文键盘练习软件的使用。"金山打字"的主要功能如下：

（1）支持打对与打错分音效提示。
（2）提供友好的测试结果展示，并实时显示打字时间、速度、进度、正确率。
（3）支持重新开始练习，支持打字过程中暂停打字。
（4）英文打字提供常用单词、短语练习，打字时提供单词解释提示。
（5）科学打字教学，先讲解知识点，再练习，最后过关测试。
（6）可针对英文、拼音、五笔分别测试，过关测试中提供查看攻略。
（7）提供经典打字游戏，轻松快速提高打字水平。
（8）提供通俗易懂的全新的打字教程，助你更快学会打字。

操作方法及步骤如下：

（1）启动"金山打字"软件。单击"开始"→"所有程序"→"金山打字通"→"金山打字通"命令，启动"金山打字"练习软件。启动后，该程序的用户登录界面如图 2-1 所示。

图 2-1　"金山打字通 2013"启动窗口

对首次使用"金山打字"的用户，单击"新手入门""英文打字""拼音打字"和"五笔打字"任何一个功能按钮，系统均弹出选择或添加某一用户，单击"确定"按钮，进入"超级打字通"的系统主界面，如图 2-2 所示。

在图 2-2 中，用户可创建或选择一个昵称（用户），单击"下一步"按钮，出现如图 2-3 所示的"登录"对话框之第二步——绑定 QQ 对话框，如图 2-3 所示。

图 2-2　"登录"对话框之第一步－创建昵称　　　图 2-3　"登录"对话框之第二步－绑定 QQ

在图 2-3 中，用户可绑定或不绑定 QQ，绑定 QQ 账号后，用户可拥有保存记录、漫游打字成绩和查看全球排名等功能。

单击"绑定"按钮，出现如图 2-4 所示的 QQ 登录界面，单击自己的 QQ 头像，即可将本次打字和 QQ 绑定。如果不绑定 QQ，则直接单击图 2-3 对话框右上角的 ✖ 按钮即可。

图 2-4　"QQ 登录"对话框

（2）注销"昵称"和退出"金山打字通"。

①注销昵称。用户在练习时，可随时注销当前昵称（用户），其方法是：单击"金山打字"

界面右上角的"昵称"列表框，在弹出的列表中，执行"注销"命令，如图 2-5 所示。

图 2-5 注销"昵称"

②用户在练习时，也可随时结束程序的使用。退出此程序的方法有：

● 单击右上角的控制按钮" "。

● 按通用的窗口退出组合键 Alt+F4。

（3）英文键盘练习。英文键盘练习分为"新手入门"和"英文打字"两部分。

如图 2-6 所示的是"新手入门"功能界面，在"新手入门"训练中，用户可分别就"字母键位""数字键位""符号键位" 3 个部分进行练习，此外用户还可学习或训练"打字常识"和"键位纠错"等 2 个部分的知识。

图 2-6 "新手入门"功能界面

用户只需要在"新手入门"功能界面中单击相应的功能按钮，就可进入相应的界面进行学习或练习。

图 2-7 所示的是"英文打字"功能界面，用户可单击相应按钮分别就"单词练习""语句练习"和"文章练习" 3 个部分进行练习。

图 2-7　"新手入门"功能界面

（4）利用"金山打字"软件，用户还可进行"拼音打字"和"五笔打字"的练习。此外，"金山打字"软件还提供了趣味丰富的打字游戏。

实验 2-2　学会 WinRAR 中文版和"极点五笔 7.12"软件的简单使用，要求如下：

（1）从网上下载并安装"WinRAR V5.6"简体中文正式版。

（2）从网上下载并安装"极点五笔 7.12"。

（3）安装 WinRAR 解压缩文件后，使用 WinRAR 软件将"极点五笔 7.12"文件解压缩。

操作方法和步骤如下：

（1）下载"WinRAR V5.6"简体中文正式版和"极点五笔 7.12"。

● 下载"WinRAR V5.6"简体中文版，下载的软件放在 Windows 7 桌面上。

● 从网上下载"极点五笔 7.12"，下载的文件保存在 Windows 7 桌面上。

（2）在 Windows 桌面上找到已下载的 WinRAR V5.6 文件，双击并按照出现的安装界面提示，一步一步操作即可将其安装到计算机中。

（3）正确安装 WinRAR 后，双击 WinRAR 图标便可进入如图 2-8 所示的操作界面。

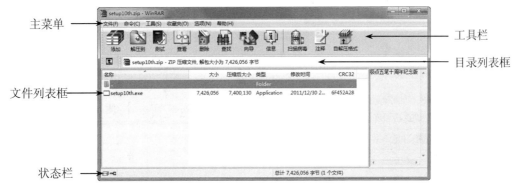

图 2-8　WinRAR 中文版的操作界面

（4）解压"极点五笔7.12"压缩文件。要使用压缩文件，必须先将压缩文件进行解压，对压缩文件进行解压的操作过程如下：

单击"文件"→"打开压缩文件"命令，选择某压缩文件，如从网上下载到桌面上的"极点五笔 7.12"文件"Setup10th.zip"，再单击工具栏上的"解压到"按钮 ，WinRAR 弹出如图 2-9 所示的"解压路径和选项"对话框。

图 2-9　"解压路径和选项"对话框

（5）在"解压路径和选项"对话框中，默认为解压到当前文件夹中，可选择或输入要解压缩到的文件夹。单击"确定"按钮后，文件被解压缩到目标文件夹中。

（6）在 Windows 7 桌面上，找到解开的文件夹"Setup10th"，双击打开该文件夹。在该文件中双击极点五笔安装文件"setup10th.exe"。

（7）这时出现"极点五笔7.12"安装界面，根据安装界面的提示，用户只需单击"下一步"按钮，就可顺利安装"极点五笔7.12"输入法。安装完毕后，该输入法出现在 Windows 7 输入法 中。

（8）中文输入法的选择。将鼠标指向 Windows 操作系统任务栏的右下方通知区 （输入法）处单击，这时弹出已安装的各种中英文输入法，如图 2-10 所示，根据需要，用户选择一种适合自己的中文输入法，如"极点五笔输入法"等。也可按 Ctrl+Shift 组合键，依次显示各种中文输入法。图 2-11 为"极点五笔输入法"浮动块及说明。

图 2-10　选择中文输入法

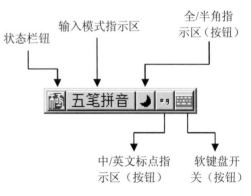

图 2-11　"极点五笔输入法"浮动块及说明

实验 2-3　记事本（Notepad）的使用。

Windows 系统中的"记事本"是一个常用的文本编辑器，它使用方便、操作简单，在很多场合下尤其是在编辑源代码（如 ASP 文档）时有其独特的作用。"记事本"打开及使用的方法如下：

（1）单击"开始"→"所有程序"→"附件"→"记事本"命令，打开"记事本"窗口。

（2）将下列英文短文录入到"记事本"中，短文如下：

> The Python's history
>
> Over six years ago, in December 1989, I was looking for a "hobby" programming project that would keep me occupied during the week around Christmas.
>
> My office (a government-run research lab in Amsterdam) would be closed, but I had a home computer, and not much else on my hands.
>
> I decided to write an interpreter for the new scripting language I had been thinking about lately: a descendant of ABC that would appeal to Unix/C hackers.
>
> I chose Python as a working title for the project, being in a slightly irreverent mood (and a big fan of Monty Python's Flying Circus).

（3）文本输入完成后，单击"格式"→"字体"命令，打开"字体"对话框，如图 2-12 所示。

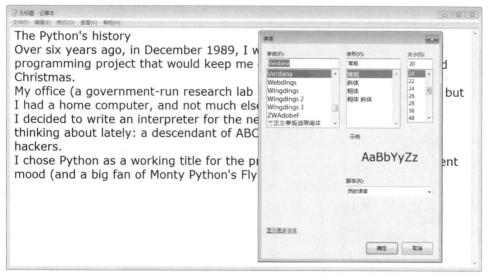

图 2-12　记事本"字体"对话框

（4）选择字体为 Microsoft YaHei UI，大小为四号，观察记事本窗口中文字内容的变化。

（5）单击"文件"菜单中的"保存"命令，打开"另存为"对话框，在"保存在"后面的下拉列表框中，选择一个目录（文件夹）如 Administrator 作为该文件保存的位置，然后在"文件名"文本框处输入 ywlx，单击"保存"按钮，则输入的内容就保存在文件 ywlx.txt 中。

（6）单击"文件"菜单中的"退出"命令，关闭"记事本"窗口。

实验2-4 使用写字板（Wordpad）录入下面的汉字短文，并以文件名 zw.doc 存盘。

（1）打开"开始"→"运行"命令。打开"运行"对话框，然后在"打开"文本框处输入：Wordpad.exe，单击"确定"按钮，打开如图 2-13 所示的"写字板"程序窗口。

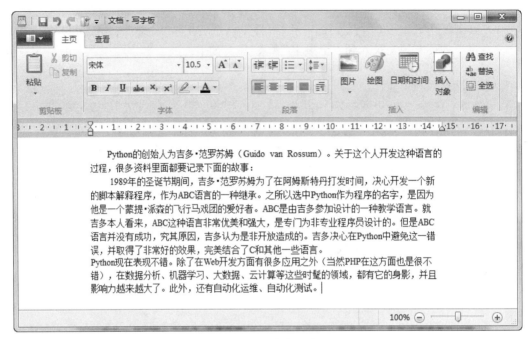

图 2-13 "写字板"窗口

（2）在"写字板"里输入图中的短文。

（3）短文输入完毕后，按下 Ctrl+S 组合键打开"另存为"对话框，在"文件名"文本框中输入要保存文档的文件名 zw.doc，单击"保存"按钮，程序将该短文以 Word 文档格式存盘。

思考与综合练习

1．使用"记事本"程序，输入下面的一段文本，将其以文件名"我的网页.html"保存到桌面上的"我的文件夹\Windows"文件夹中。

```html
<html>
    <head>
        <title>欢迎来到梦之都</title>
    </head>
    <body>
        <p>这是我的第一个网页,在这里
            <a href="http://www.dreamdu.com/xhtml/">
                尽情学习使用 SharePoint Designer 2010 制作网页吧!
            </a>
        </p>
    </body>
</html>
```

2．双击 Windows 7 桌面 Internet Explorer 图标，在浏览器地址栏处输入 "C:\Users\Administrator\Desktop\我的文件夹\Windows\我的网页.html"，并按下回车键，观察效果。

3．使用"写字板"程序，录入下面的一段文本，将其以文件名"电脑与文化.docx"保存到桌面上"我的文件夹\Windows"文件夹中。

人类在社会历史发展中，对于自然世界的认识和在精神世界里的追求，源远流长，形成了巨大的精神财富，如文学、艺术、教育、科学等，这些以文字或符号加以记载和传播，就形成了我们所说的文化。历史上，尽管各民族的文化差异很大，但一项重大的科学成就，常常能够影响整个世界文化发展的进程。

机械的发明，延长了人类用于劳动的四肢；而电子计算机的出现，则延伸了人类用于思维的大脑，使人类的智慧挣脱时间和空间的限制，开创了人类改造自然也改造自身的新纪元。为此，电子计算机也叫电脑。电脑涌向了科研机关、军事系统和工矿企业，也走进了办公室、家庭和教室，既万马奔腾，又涓涓细流，风靡全世界，电脑进入了人类活动的一切领域，正无情地改变着文化和文明的本来含义：一个人的文化程度，将要以电脑知识的多少来重新评价；一个国家的发展水平，将要以电脑应用的程度来加以衡量，电脑成了文明的同义词。

4．在未关闭"写字板"程序时，直接关机，会出现什么情况？如何处理？

第 2 章　Windows 7 操作系统

实验三　Windows 7 的基本操作

实验目的

（1）了解 Windows 桌面上图标的概念以及对图标的各种操作。

（2）理解任务栏的概念，掌握对任务栏的各种操作；学会使用 Windows 帮助系统。

（3）理解窗口的概念，熟悉窗口的种类，掌握对窗口的各种操作。

（4）学会使用 Windows 的截图功能。

实验内容与操作步骤

实验 3-1　桌面的基本操作。

（1）通过鼠标拖拽添加一新图标。

单击"开始"菜单，在弹出的菜单中选择"所有程序"，在展开的菜单中，将鼠标指向 Microsoft Office 程序项目组中的" P Microsoft PowerPoint 2010 "命令。按住 Ctrl 键的同时，按下鼠标左键拖拽该图标至桌面，松开左键可在桌面上添加一个图标。

（2）使用"新建"菜单添加新图标。

在桌面任一空白处右击，在弹出的快捷菜单中选择"新建"命令，然后在子菜单中选择所需对象的方法来创建新对象，如创建"记事本"程序的快捷方式。

（3）图标的更名。

选择上面建立的新图标，右击，在弹出的图标快捷菜单中选择"重命名"命令，重新命名一新名称即可。

（4）删除前面新建的图标。

将鼠标指向前面建立的 Microsoft PowerPoint 图标并右击，在弹出的快捷菜单中选择"删除"命令（或将该对象图标直接拖到"回收站"）。

（5）排列图标。

右击桌面，在弹出的快捷菜单中选择"查看"，观察下一层菜单中的"自动排列图标"是否起作用（看该命令前是否有"√"标记），若没有，单击使之起作用；移动桌面上某图标，观察"自动排列"如何起作用；右击桌面，调出桌面快捷菜单中的"排序方式"菜单项，分别按"名称""大小""项目类型""修改日期"排列图标；取消桌面的"自动排列图标"方式。

实验 3-2　使用任务栏上的"开始"按钮和工具栏浏览计算机。

（1）通过"开始"→"文档"命令打开库中的"我的文档"文件夹；再通过"开始"→"音乐"命令打开库中的"音乐"文件夹，观察任务栏上"Windows 资源管理器"图标是否有重叠现象。

（2）通过"开始"→"所有程序"→"附件"→"记事本"命令，打开"记事本"应用程序窗口，当前窗口为记事本，此时对应图标发亮。

（3）通过单击任务栏上的图标，在"记事本"窗口和"Windows 资源管理器"窗口间切换。

（4）通过单击任务栏上的最右侧"显示桌面"▊按钮，快速最小化已经打开的窗口并在桌面之间切换。

实验 3-3　使用 Windows 帮助系统。

（1）通过"开始"→"帮助和支持"命令或"计算机""网络"等窗口中的"帮助"菜单命令（或直接按下 F1 功能键）打开"Windows 帮助和支持"窗口，如图 3-1 所示。

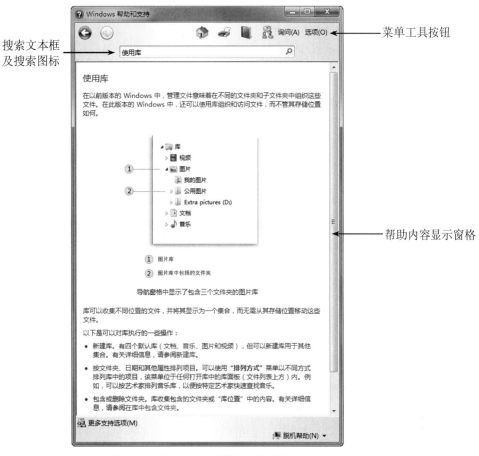

图 3-1　　"Windows 帮助和支持"窗口

（2）选择一个帮助主题。该方式采用 Web 浏览方式为用户全面介绍 Windows 7 的功能特点。

（3）单击"Windows 帮助和支持"窗口右上角的"浏览帮助"按钮▉，这时帮助内容显示窗格中列出了相关的帮助主题，选择一个主题。Windows 7 允许用户边操作边获得即时的帮助，引导用户一步一步完成各种任务。

（4）显示提示性帮助信息。这时可将鼠标指向某一对象，稍等一会儿，系统就会显示出该对象的简单说明。

（5）"搜索"文本框，通过在文本框内输入关键字获取帮助信息。本实验要求输入关键字"资源管理器"，然后单击"搜索帮助"按钮 $\boxed{\scriptsize \varphi}$ ，查找有关"资源管理器"的帮助信息，如图 3-2 所示，有关信息出现在"Windows 帮助和支持"窗口的"帮助内容显示窗格"中。

图 3-2　使用"搜索"文本框查找相关信息

在 Windows 7 中，一个对话框右上角通常有一个"问号"按钮 ⑦ 。当单击该按钮后，系统也可以打开"Windows 帮助和支持"窗口并获得帮助。

实验 3-4　在 Windows 7 中，对窗口进行操作，要求如下：

（1）双击"计算机"图标，打开"计算机"窗口，观察图标 🖴 、🖴 、🖴 、🖴 和 🖴 ，理解这些图标的含义。

（2）在"计算机"窗口中移动一个或多个图标后，仔细观察图标和窗口的变化；打开"查看"菜单（或使用常用工具栏中的" 🔲 ▾ "按钮），分别选择"超大图标""中等图标""列表"

"详细信息""平铺"和"内容"菜单项，观察窗口内图标的变化。

（3）用"计算机"窗口右上角的最大化、最小化、还原和关闭窗口按钮来改变窗口的状态。

（4）用控制菜单最大化、还原、最小化和关闭窗口。

（5）用拖动的方法调节窗口的大小和位置。

（6）选定一个文件夹，对其进行复制、重命名、删除以及恢复等操作。

（7）用"开始"菜单中的"搜索框"窗口打开一个应用程序，如 Windows 资源管理器 explorer.exe。

（8）同时打开 3 个窗口，如"计算机""Administrator（即用户文件夹）""回收站"，并把它们最小化。然后在不同窗口之间进行切换；对已打开的多个窗口分别按层叠、横向平铺和纵向平铺排列。

（9）按下 PrintScreen 或 Alt+PrintScreen 组合键，可把整个屏幕或当前窗口复制到剪贴板中。然后，运行"写字板"程序 Wordpad，打开 zw.doc 文档，再单击"粘贴"按钮，看一下有什么效果出现。

实验 3-5　设置任务栏，要求完成下面的操作：

（1）将任务栏移到屏幕的右边缘，再将任务栏移回原处。

（2）改变任务栏的宽度。

（3）取消任务栏上的时钟并设置任务栏为自动隐藏。

（4）将"开始"→"所有程序"→"附件"中" 计算器"锁定到任务栏，然后再从任务栏中解锁。

（5）在任务栏上显示"桌面"图标，单击此图标，察看有什么作用。

（6）在任务栏的右边通知区隐藏电源选项图标。

实验 3-6　在 Windows 7 中，对"开始"菜单完成下面的操作：

（1）在"开始"菜单中添加"运行"命令。

（2）在"开始"菜单上添加"收藏"菜单，在"程序"组中添加"管理工具"子菜单。

（3）将"开始"→"控制面板"从超链接改变为菜单方式列出。

思考与综合练习

1．打开"开始"菜单的方法有几种？分别怎样进行操作？

2．窗口由哪些部分组成？对窗口进行放大、缩小、移动、滚动窗口内容、最大化、恢复、最小化、关闭等操作。当打开多个窗口时，如何激活某个窗口，使之变成活动窗口？

3．建立桌面对象，要求完成：

（1）通过快捷菜单在桌面上为"Windows 资源管理器"建立快捷方式。

（2）在桌面上建立名为 myfile.txt 的文本文件和名为"我的数据"的文件夹。

（3）使用拖拽（复制）方法在桌面上建立查看 C 盘资源的快捷方式。

（4）在"Administrator"（即用户文件夹）里利用快捷菜单中的"发送到"命令，在桌面上建立可以打开文件夹 My Documents 的快捷方式。

4．桌面对象的移动和复制，要求完成：

（1）将上题在桌面上建立的"Windows 资源管理器"快捷方式移动到"我的数据"文件夹内；

（2）采用 Ctrl 键加鼠标拖拽操作，将桌面上的文件 myfile.txt 文件复制到"我的数据"文件夹内。

5．完成以下对文件或文件夹的操作：

（1）设置 Windows，在文件夹中显示所有文件和文件夹。

（2）在桌面上选择一个文件或文件夹，改变其图标。

实验四　文件与文件夹的操作

实验目的

（1）熟练掌握"计算机"与"Windows 资源管理器"的使用。

（2）掌握对文件（夹）的浏览、选取、创建、重命名、复制、移动和删除等操作。

（3）掌握文件和文件夹属性的设置。

（4）掌握在 Windows 中搜索文件（夹）的方法。

（5）掌握"回收站"的使用。

实验内容与操作步骤

实验 4-1　"计算机"窗口的使用。

（1）"计算机"窗口的打开。

打开窗口的方法有两种：一是在桌面上双击"计算机"图标；二是将鼠标指向"计算机"图标并右击，在弹出的快捷菜单中，选择"打开"命令。

（2）浏览磁盘。

将鼠标指向 C 盘，双击打开，此时在"计算机"右窗格中显示 C 盘的对象内容，再将鼠标指向文件夹 Program Files，双击打开。

执行工具栏中的"组织"列表框，执行"布局"选择中的"预览窗格"命令（或单击栏右侧的"显示预览窗格"按钮□），观察窗口的显示方式。

（3）分别单击"地址栏"左侧的"后退"按钮◀和"前进"按钮▶，观察窗口的显示内容。

实验 4-2　"Windows 资源管理器"窗口的使用。

（1）"Windows 资源管理器"窗口的打开。

打开窗口的常见方法有 4 种：①依次单击"开始"→"所有程序"→"附件"→"Windows 资源管理器"命令；②右击"开始"菜单，在弹出快捷菜单中选择"打开 Windows 资源管理器"命令；③单击"开始"→"运行"命令，弹出的"运行"对话框，在"打开"文本框处输入 explorer，然后按下 Enter 键即可；④按下键盘上的 ⊞+E 组合键。

（2）调整左右窗格的大小。

将鼠标指针指向左右窗格的分隔线上，当鼠标指针变为水平双向箭头"↔"时，按住鼠标左键左右移动即可调整左右窗格的大小。

（3）展开和折叠文件夹。

单击"计算机"前的空白三角"▷"图标或双击"计算机"，将其展开，此时空白三角"▷"变成了斜实心三角"◢"图标。在左窗格中，单击"本地磁盘（C:）"前的空白三角"▷"图标或双击"本地磁盘（C:）"，将展开磁盘 C。在左窗格（即导航窗格）中，单击文件夹 Windows 前的空白三角"▷"图标或双击名称"Windows"，将展开文件夹 Windows。

单击斜实心三角"◢"图标或将光标定位到该文件夹，按键盘上的"←"键，可将已展开的内容折叠起来。如单击"Windows"前的斜实心三角"◢"图标也可将该文件夹折叠。

（4）打开一个文件夹。

打开当前文件夹的方法有 3 种：①双击或单击"导航窗格"中的某一文件夹图标；②直接在地址栏中输入文件夹路径，如 C:\Windows，然后按 Enter 键确认；③单击"地址栏"左侧上的 2 个工具按钮"后退"按钮、"前进"按钮，可切换到当前文件夹的上一级文件夹。

实验 4-3　使用"Windows 资源管理器"窗口选定文件（夹）。

（1）选定文件（夹）或对象。

在"Windows 资源管理器"窗口导航窗格中，依次单击"本地磁盘（C:）"→Windows→Media，此时文件夹 Media 的内容将显示在"Windows 资源管理器"的右窗格中。

（2）选定一个对象。

将鼠标指向文件"Windows 登录声.wav"图标上，单击即可选定该对象。

（3）选定多个连续对象。

单击"查看"菜单中的"列表"命令，将 Media 文件夹下的内容对象以列表形式显示在右窗格中，单击选定"Windows 登录声.wav"，再按住 Shift 键单击要选定的"Windows 通知.wav"，然后释放 Shift 键。此时可选定两个文件对象之间的所有对象，也可将鼠标指向显示对象窗格中的某一空白处，按下鼠标左键拖拽到某一位置，此时鼠标指针拖出一个矩形框，矩形框交叉和包围的对象将全部被选中。

（4）选定多个不连续对象。

在文件夹 Media 中，单击要选定的第一个对象，再按住 Ctrl 键依次单击要选定的对象，然后释放 Ctrl 键，此时可选定多个不连续的对象。

（5）选定所有对象。

单击"编辑"菜单中的"全部选定"命令，或按下 Ctrl+A 组合键，可将当前文件夹下的全部对象选中。

（6）反向选择对象。

单击"编辑"菜单中的"反向选择"命令，可以选中此前没有被选中的对象，同时取消已被选中的对象。

（7）取消当前选定的对象。

单击窗口中任一空白处，或按一下键盘上的任意一个光标移动键即可。

实验 4-4　文件（夹）的创建与更名。

操作方法及步骤如下：

（1）打开"计算机"或"Windows 资源管理器"或 Administrator 文件夹中的"我的文档"窗口。

（2）选中一个驱动器符号（这里选择"本地磁盘（C:)"），双击打开该驱动器窗口。

（3）单击"文件"菜单中的"新建"命令，然后再在下一级菜单中选择要新建的文件类型或文件夹，如图4-1所示。

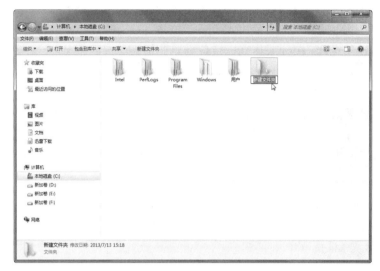

图 4-1　新建一个文件或文件夹

要创建一个空文件夹，也可在"计算机"窗口的工具栏中单击"新建文件夹"命令按钮，即可创建一个文件夹。

（4）文件（夹）的重命名。

单击选定要重命名的文件（夹），单击"文件"菜单中的"重命名"命令，这时在文件（夹）名称框处出现一不断闪动的竖线即插入点，直接输入新的文件（夹）名称，如 Mysite，然后按下 Enter 键或在其他空白处单击即可。

要为一个文件（夹）进行重命名，还有以下几种方法：①将鼠标指向需要重命名的文件（夹），右击，在弹出的快捷菜单中选择"重命名"命令；②将鼠标指向文件（夹）名称处，单击选中该文件（夹）并再次单击，可进行重命名；③选中需要命名的文件后，直接按下 F2 功能键，也可进行重命名。

实验 4-5　文件（夹）的复制、移动与删除。

复制文件（夹）的方法有：

（1）选择要复制的文件（夹），如 C:\Mysite，按住 Ctrl 键拖拽到目标位置如 D 盘即可完成复制。

（2）选择要复制的文件（夹），按住鼠标右键并拖拽到目标位置，松开鼠标，在弹出的快捷菜单中单击"复制到当前位置"命令即可。

（3）选择要复制的文件（夹），单击"编辑"菜单中的"复制"命令（或右击，在弹出的快捷菜单中选择"复制"命令；也可直接按 Ctrl+C 组合键），然后定位到目标位置，单击"编辑"菜单中的"粘贴"命令（或右击，在弹出的快捷菜单中选择"粘贴"命令，或直接按 Ctrl+V 组合键）。

或使用"编辑"菜单中的"复制到文件夹"或"移动到文件夹"命令，也可进行复制或移动的操作。

移动文件（夹）的方法如下：

（1）选择要复制的文件（夹），如 C:\Mysite；单击"编辑"菜单中的"剪切"命令（或右击鼠标，在弹出的快捷菜单中选择"剪切"命令；也可按 Ctrl+X 组合键），然后定位到目标位置，单击"编辑"菜单中的"粘贴"命令（或右击，在弹出的快捷菜单中选择"粘贴"命令；或直接按 Ctrl+V 组合键）。

（2）在"计算机"或"Windows 资源管理器"中，执行"编辑"菜单中的"移动到文件夹"命令，在弹出的"移动项目"对话框中，选择要移动到的目标文件夹位置，单击"移动"按钮即可。

删除文件（夹）的方法有：

（1）选择要删除的文件（夹），如 C:\Mysite，直接按 Delete（Del）键。

（2）选择要删除的文件（夹），右击，在弹出的快捷菜单中单击"删除"命令。

（3）选择要删除的文件（夹），单击"文件"菜单或"组织"按钮中的"删除"命令。

执行上述命令或操作后，在弹出的如图 4-2 所示的"删除文件夹"对话框中，单击"是"按钮。

图 4-2　"删除文件夹"对话框

在删除时，若按下 Shift 键不放，则会弹出和图 4-2 中的提示信息不同的"删除文件夹"对话框，单击"是"按钮，则删除的文件（夹）不送到"回收站"而直接从磁盘中删除。

实验 4-6　设置与查看文件（夹）的属性。

选定要查看属性的文件（夹），如文件夹 C:\Mysite，单击"文件"，在展开的菜单中选择"属性"命令，则弹出文件（夹）的属性对话框，可查看该文件夹的属性。

双击打开 C:\Mysite，右击空白处，在弹出的快捷菜单中，单击"新建"命令，在下一级联菜单中选择"Microsoft Word 文档"，建立一个空白的 Word 文档；单击该新建文档并右击，在弹出的快捷菜单中，选择"属性"命令，打开该文件的属性对话框，观察此文件的各种属性。

实验 4-7　搜索窗口的打开。

打开搜索窗口的方法有：

（1）打开"计算机"或"Windows 资源管理器"，单击窗口左侧导航窗格要搜索的磁盘或文件夹，然后再在窗口右上方的搜索框中输入要搜索的文件或文件夹名称，单击"搜索"按钮，系统弹出搜索列表，选择一个已有的条件，系统即可开始进行搜索，如图 4-3 所示。

图 4-3　设置搜索条件

注：在"搜索栏"中，可以设置合适的条件进行搜索。

1）文件名可使用通配符"*"和"？"来帮助进行搜索。其中，"*"表示代替文件名中任意长的一个字符串；"？"表示代替每一个单个字符。

2）在"搜索栏"，用户还可添加"修改日期"或"大小"作为筛选条件（器）进行精确的搜索。

（2）按下 ⊞+F 组合键，可打开"搜索结果"窗口，然后进行搜索，利用查找"本地磁盘（C：）"中的文件夹"Mysite"，其搜索结果如图 4-4 所示。

图 4-4　搜索结果

实验 4-8　"回收站"的使用。

（1）"回收站"的打开。打开"回收站"的方法有：

1）双击桌面上的"回收站"图标 🗑/🗑。

2）右击桌面上的"回收站"图标，在弹出的快捷菜单中选择"打开"命令。

（2）还原文件（夹）。可按下面的方法还原已删除的某文件（夹）：

1）在"回收站"窗口中，选中要还原的文件或文件夹。

2）单击"文件"菜单下的"还原"命令，或右击，执行快捷菜单中的"还原"命令。

（3）彻底删除一个文件（夹）。

要彻底删除一个或多个文件（夹），可以在"回收站"中选择这些文件（夹），右击，在弹出的快捷菜单中选择"删除"命令。

（4）清空"回收站"。清空"回收站"的操作方法有：

1）单击"文件"菜单中的"清空回收站"命令。

2）在"回收站"窗口的空白处右击，在弹出的菜单中选择"清空回收站"命令。

3）在桌面上右击"回收站"图标，在弹出的快捷菜单中，选择"清空回收站"命令。

实验 4-9　"回收站"的属性设置。

（1）在桌面上右击"回收站"图标，在弹出的快捷菜单中选择"属性"命令，即可出现"回收站属性"对话框，如图 4-5 所示。

图 4-5　"回收站属性"对话框

（2）在"回收站属性"对话框中，可以通过调整回收站所占磁盘空间的大小来设置回收站存放删除文件的空间。

（3）勾选"显示删除确认对话框"复选框，则在用户做删除操作时出现提示对话框，否则不出现提示对话框。

（4）单击选中"不将文件移到回收站中。移除文件后立即将其删除。"单选项，则用户做删除操作时文件将被直接进行彻底删除操作。

实验 4-10　库的使用。

Windows 7 中的"库"可以帮助用户更方便地管理散落在电脑里的各种文件，使用户日后再也不必打开层层的文件夹寻找所要的文件，只要添加到库中就可以方便地找到它们。

（1）打开库。只要在"开始"菜单的"搜索框"输入"库"就可以了，也可单击"计算机"或"Windows 资源管理器"窗口中的"库"图标打开库，库里面有文档、音乐、图片、视频等文件夹，如图 4-6 所示。

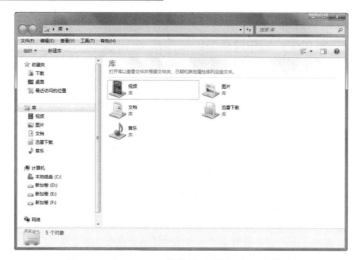

图 4-6 "Windows 资源管理器"窗口中的库

（2）将文件（夹）添加到库。

要将文件（夹）添加到库中，有下面几个方法：

右击想要添加到库的文件夹，选择快捷菜单中的"包含到库中"，再选择包含到哪个库中，如图 4-7 所示。

图 4-7 快捷菜单中的"包含到库中"

如果你要添加的文件夹已经打开，可以在工具栏中单击 包含到库中▼ 选项，再选择要添加到哪里的库。

（3）建立新库。在库文件夹上单击工具栏中 新建库 选项，也可以右击，执行快捷菜单中的"新建"→"库"命令，新库建立后重新命名就可以了。

如果某个库不需要了，则可删除，删除的方法与删除文件（夹）相同。

（4）添加网络共享文件夹到库中。

操作方法及步骤如下：

1）将文件夹关联到库中，只需简单操作，就可以实现。除了关联本地文件夹以外，还可以关联网络或家庭组中他人共享的文件夹到本机的库中，访问起来更加方便。打开需要建立关联的库，本例使用"文档"库。单击"位置"链接处，如图 4-8 所示。

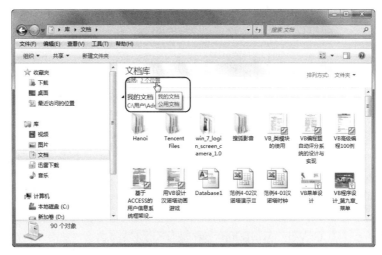

图 4-8　打开需要建立关联的库

2）在弹出的窗口中列出了目前该库中关联的文件夹及其路径，单击位置右侧的"添加"按钮，如图 4-9 所示。

图 4-9　"文档库位置"对话框

3）接着在随后出现的"将文件夹包括在文档中"对话框，选择家庭组或网络中的计算机，找到其共享的库或文件夹并选中它，单击"包括文件夹"按钮即可。

添加共享的库或文件夹时，需要注意两点：①通过家庭组访问对方的计算机时，可以看到对方共享的库，如果通过访问网络中他人的计算机，将只能看到共享库中的文件夹和文件。②如果需要将对方共享的库关联到你的计算机中，则必须通过访问家庭组进行关联。

思考与综合练习

1．文件和文件夹的创建。要求如下：

（1）文件夹的创建：打开"Windows 资源管理器"窗口，单击希望创建文件或文件夹的所在驱动器或文件夹，如 U 盘。在"文件"菜单上，选择"新建"下拉列表中的"文件夹"选项，将该文件夹名改为自己喜欢的名称，如 myfolder。

（2）文件的创建：文件的创建方式和文件夹的创建方式类似，只需在"新建"下拉列表中选择你所要创建的文件类型，将此文件命名为 myfile。

2．文件和文件夹的选择。要求如下：

（1）选定单个对象。单击要选定的对象，如 C:\Windows 文件夹。

（2）选定多个连续对象。在"Windows 资源管理器"的右窗格中选择 C:\Windows 文件夹里的多个连续对象。

（3）选定多个不连续对象。单击第一个对象，然后按住 Ctrl 键不放，单击剩余的每一个对象，如在"Windows 资源管理器"的右窗格中选择 C:\Windows 文件夹里的多个不连续对象。

3．文件和文件夹的复制与移动，要求如下：

（1）用命令方式将 C:\Windows\Temp 文件夹复制到桌面上。

（2）用拖拽方式将 C:\Windows\system32 中的 command.com、explorer.exe 两个文件复制到 U 盘文件夹 myfolder 中。打开该文件夹，并将该文件中的两个文件选定。

（3）移动文件和文件夹：将 U 盘文件夹 myfolder 中的两个已选定的文件移动到"我的文档"文件夹中。

（4）文件和文件夹的删除与恢复。将"我的文档"文件夹中的 command.com、explorer.exe 两个文件选定后，按下 Delete 键进行删除。

4．现有文件夹结构，如图 4-10 所示（本题所用文件夹及各类文件，请读者自建）。

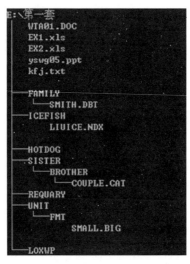

图 4-10　第 4 题图

要求完成以下操作。

（1）将 FAMILY 文件夹中的文件 SMITH.DBT 设置为隐藏和存档属性。

（2）将 ICEFISH 文件夹中的文件 LIUICE.NDX 移动到 HOTDOG 文件夹中，并将该文件改名为 GUSR.FIN。

（3）将 SISTER\BROTHER 文件夹中的文件 COUPLE.CAT 删除。

（4）在 REQUARY 文件夹中建立一个新文件夹 SLASH。

（5）将 UNIT\FMT 文件夹中的文件 SMALL.BIG 复制到 LOXWP 文件夹中。

5．搜索文件（夹）。查找 C 盘上扩展名为.sys 的文件；查找 D 盘上"上次访问时间"在前 1 个月的所有文件和文件夹。

实验五　磁盘管理与几个实用程序

实验目的

（1）磁盘的格式化与使用。

（2）掌握利用磁盘扫描程序来扫描和修复磁盘错误。

（3）掌握利用磁盘碎片整理程序来整理磁盘空间。

（4）熟练掌握 Windows Media Player（媒体播放器）和画图程序的使用方法。

（5）学会使用剪贴板查看程序以及程序的应用方法。

（6）掌握计算器工具的使用方法。

实验内容与操作步骤

图 5-1　"格式化"对话框

实验 5-1　格式化一张 U 盘。

操作方法及步骤如下：

（1）打开"计算机"或"Windows 资源管理器"窗口，选择将要进行格式化的磁盘符号，这里选择"可移动磁盘"。

（2）单击"文件"菜单（或"组织"列表框）中的"格式化"命令（或右击，在弹出的快捷菜单中选择"格式化"命令），打开"格式化"对话框，如图 5-1 所示。

（3）在如图 5-1 所示的"格式化"对话框中，确定磁盘的容量大小、设置磁盘卷标名（最多使用 11 个合法字符）、确定格式化选项（如：快速格式化），格式化设置完毕后，单击"开始"按钮，磁盘格式化命令开始格式化所选定的磁盘。

实验 5-2　利用上题已格式化的 U 盘，完成下面的操作内容：

（1）建立一级子文件夹 WJ、二级子文件夹 WJ11 和 WJ12。

（2）打开二级文件夹 WJ12，将 C:\Windows\system32\format.com 复制到该文件夹下。

（3）将 format.com 文件重新命名为 format.exe。

操作方法及步骤如下：

（1）打开"计算机"或"Windows 资源管理器"窗口，选择 U 盘并双击。

（2）单击"文件"菜单中的"新建"命令，在随后出现的下拉列表中单击"文件夹"命令。

（3）这时 U 盘空白处出现新建文件夹，将新建文件夹重新命名为 WJ。

（4）双击文件夹 WJ，打开该文件夹，右击，在弹出的快捷菜单中依次单击"新建"→"文件夹"选项，新建两个子文件夹 WJ11 和 WJ12。

（5）双击文件夹 WJ12，打开该文件夹，将文件夹窗口最小化。

（6）再次打开"计算机"或"Windows 资源管理器"窗口，依次双击 C:→Windows→system32，并找到文件 format.com。

（7）右击文件 format.com，在弹出的快捷菜单中，选择"复制"命令。

（8）单击任务栏中的文件夹 WJ12 图标打开 WJ12，在空白处右击，在出现的快捷菜单中，单击"粘贴"命令，这时文件 format.com 就复制到该处。

（9）选择 format.com 文件，单击"文件"菜单中的"重命名"命令，将文件 format.com 更名为 format.exe。

实验 5-3 查看实验 5-1 所用磁盘的属性，并将该磁盘卷标命名为 mydisk1。

操作方法及步骤如下：

（1）打开"计算机"或"Windows 资源管理器"窗口，选择要查看属性的磁盘符号，如可移动磁盘 H:。

（2）单击"文件"菜单（或"组织"列表框）中的"属性"命令（或右击，在弹出的快捷菜单中选择"属性"命令），打开"可移动磁盘属性"对话框，如图 5-2 所示。

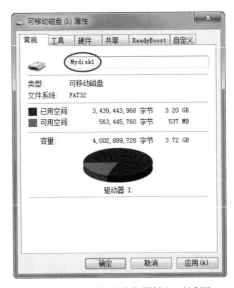

图 5-2　"可移动磁盘属性"对话框

（3）在弹出的"可移动磁盘属性"对话框中，可以详细地查看该磁盘的使用信息，如磁盘的已用空间、可用空间及文件系统的类型。

（4）单击卷标名文本框处，输入卷标名 mydisk1。

实验 5-4 使用磁盘清理程序。

操作方法及步骤如下：

（1）单击"开始"按钮，依次单击"所有程序"→"附件"→"系统工具"→"磁盘清理"命令，系统弹出"选择驱动器"对话框。

（2）单击"驱动器"右侧的下拉列表框，选择一个要清理的驱动器符号，如 C:，单击"确定"按钮。

（3）接下来，打开"磁盘清理"对话框。在该对话框中，选择要清理的文件（夹）。如果单击"查看文件"命令，还可以查看该文件（夹）的详细信息。

（4）单击"确定"按钮，系统弹出磁盘清理确认对话框，单击"是"按钮，系统开始清理并删除不需要的垃圾文件（夹）。

实验 5-5　使用磁盘碎片整理程序整理自己的磁盘。

操作方法及步骤如下：

（1）单击"开始"按钮，依次单击"所有程序"→"附件"→"系统工具"→"磁盘碎片整理程序"命令，系统弹出如图 5-3 所示的"磁盘碎片整理程序"窗口。

图 5-3　"磁盘碎片整理程序"窗口

（2）选中要分析或整理的磁盘，如 D 盘，单击"磁盘碎片整理"按钮，系统开始整理磁盘。

实验 5-6　Windows Media Player（媒体播放器）的使用。

操作方法及步骤如下：

（1）单击"开始"→"所有程序"→"Windows Media Player"命令，系统打开如图 5-4 所示的"Windows Media Player"播放器窗口（实际上打开 Windows Media Player 播放器最简单的方法是单击任务栏中的 Windows Media Player 图标 ▶ ）。

（2）在 Windows Media Player 窗口中，单击"文件"菜单中的"打开"命令，加载要播放的一首或多首歌曲，如《赵咏华—最浪漫的事》。

（3）按住鼠标左键，移动窗口底部的音量滑块 ━━●━━ 调节音量大小。

（4）单击按钮 ◀◀ （或 ▶▶ ）到上或下一首歌曲。如果单击"播放"菜单中的"无序播放"命令（或按 Ctrl+H 组合键），可启动随机播放功能。

图 5-4　Windows Media Player 播放器窗口

（5）在 Windows Media Player 窗口中，单击"文件"菜单中的"打开"命令。

（6）在随后出现的"打开"对话框中，选择要加载播放的影片，如《奴隶》。

（7）单击"打开"按钮，该影片即可放映。

（8）使用"文件"菜单中的"打开 URL"命令。在其打开的"打开 URL"对话框中，正确填写要播放音乐和电影的网址，可在线进行播放。

实验 5-7　计算器的使用。

操作方法及步骤如下：

（1）单击"开始"→"所有程序"→"附件"→"计算器"命令，运行"计算器"程序。

（2）单击"查看"→"科学型"命令，即可打开"科学型"计算器窗口。

图 5-5　"科学型"计算器窗口

（3）执行简单的计算。利用"标准型"或"科学型"计算器做一个简单的计算时，如 4*9+15，方法是：输入计算的第一个数字 4，单击"*"按钮执行乘法运算，输入计算的下一个数字 9 以及所有剩余的运算符和数字，这里是+15，单击"="按钮，得到结果为 51。

（4）执行统计计算。利用"统计信息"计算器可以做统计计算，如计算 1+2+3+…+10=？，方法是：单击"查看"菜单中的"统计信息"命令，计算器的界面如图 5-6 所示。接下来，输入首段数据 1，然后单击"Add"按钮，将该数字添加界面上方的"数据集"区域；依次键入其余的数据，每次输入之后单击"Add"按钮。

图 5-6　"统计信息"计算器窗口

单击 $\bar{x}$、$\sum x$、σ_n 和 σ_{n-1} 按钮，可以求出连加的平均值为 5.5、和为 55、标准差为 2.87、样本标准差为 3.03。

（5）单击"编辑"菜单中的"复制"（或按 Ctrl+C 组合键）命令，可将计算结果保存在剪贴板中，以备将来其他程序使用。

（6）请利用计算器将下列数学式子计算出来的结果填入空中。

● $\cos\pi + \log 20 + (5!)^2 = ($　　　　$)$

● $(4.3 - 7.8) \times 2^2 - \dfrac{3}{5} = ($　　　　$)$

● $\left[1\dfrac{1}{24} - (\dfrac{3}{8} + \dfrac{1}{6} - \dfrac{3}{4}) \times 24 \right] \div 5 = ($　　　　$)$

实验 5-8　将当前屏幕内容复制到剪贴板，利用"写字板"观察复制结果。

操作方法及步骤如下：

（1）打开一个窗口，如计算机，按 PrintScreen 键，复制桌面图像到剪贴板中；如果按下 Alt+PrintScreen 组合键，则可将当前窗口图像，如计算机窗口复制到剪贴板中。

（2）依次单击"开始"→"所有程序"→"附件"→"写字板"命令，打开"写字板"程序窗口。

（3）单击"主页"选项卡上"剪贴板"组中的"粘贴"按钮，这时文档中出现被抓（截）取的窗口界面图形。

实验 5-9　使用画图程序，画出如图 5-7 所示的 Healthcare。

操作方法步骤如下：

（1）执行"开始"→"所有程序"→"附件"→"画图"命令，打开画图程序窗口。

（2）调整画图工作区大小。将鼠标移动到右、下或右下角处，指针变为"↔""↕"或"↖"，按住鼠标左键不动，拖动即可改变画布的大小。

（3）改变前景和背景颜色。单击一种颜色栅格，该颜色出现在调色板左边的颜色选择框内，这个颜色为前景色；右击某种颜色，这种颜色则出现在背景色框中。

（4）绘制图形。利用绘图工具，绘制如图 5-7 所示的一个图形。

（5）图形的保存。要保存在一个图形文件里，可单击"快速访问工具栏"中的"保存"按钮 或单击"画图"按钮 ，在弹出的下拉菜单中，执行"保存"或"另存为"中的任一个命令，这时打开"保存为"对话框，如图 5-8 所示。在"保存为"对话框左侧导航窗格中选择图片保存的位置；在"文件名"文本框处输入文件名，如 Healthcare；在"保存类型"下拉列表框中，选择一种保存类型，如*.bng。

图 5-7　Healthcare

图 5-8　"保存为"对话框

思考与综合练习

1．使用 Windows Media Player 播放一首歌、多首歌、一部电影以及从网上放电影。

2．启动附件里的画图软件，画一填充色为黄色的三角形，保存该图片到 U 盘根目录下，取名为"基本图形 1.bmp"。

3．如何抓取窗口内容信息？如何抓取某窗口内的一部分信息？试给出方法和步骤（注：这里不能使用屏幕抓图工具，如 HyperSnap 等）。

4．使用抓图软件 HyperSnap-DX 完成下面几个操作。

①抓取 Windows 全屏幕。

②抓取 NotePad（记事本）活动窗口。

③用椭圆方式抓取 Windows 一个区域。

④抓取"画图"窗口中的一个菜单。

（1）HyperSnap-DX 简介。

HyperSnap-DX 是一款非常优秀的屏幕抓图软件，使用它可以快速地从当前桌面、窗口或指定区域内进行抓图操作，而且还可以自定义抓图热键，提供了 jpg、bmp、gif、tif、wmf 等多达 22 种的图片存储功能。HyperSnap-DX 的最新版为 V8.16，分为 32 位和 64 位。

安装完毕并运行后，可以看到 HyperSnap-DX 的界面，如图 5-9 所示。

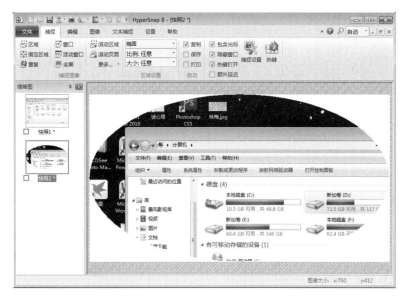

图 5-9　HyperSnap-DX 的工作界面

（2）HyperSnap-DX 的图像截取功能。

HyperSnap-DX 有多种图像截取方法，主要通过"捕捉"菜单下的各个捕捉命令来完成，如图 5-10 所示。

图 5-10　"捕捉"菜单与捕捉命令

● 全屏幕抓取。

按下快捷键 Ctrl+Shift+F 可抓取全屏幕。

● 窗口或控件的抓取。

按下 Ctrl+Shift+W 快捷键可对窗口（包括全屏幕和活动窗口）或控件进行抓取。

● 选定区域的抓取。

抓取选定区域的快捷键是 Ctrl+Shift+R。

● 抓取"画图"窗口中的一个菜单。

抓取窗口中的一个菜单广义是一个多区域抓取的操作，其命令的快捷键为 Ctrl+Shift+M。

此外，HyperSnap-DX 还提供了文字、视频等的截取功能。

5. 利用格式工厂软件将 MP3 音频格式转换成 WAV 音频格式，或将 AVI 视频格式转换成 MP4 视频格式。

格式工厂（Format Factory）是一款万能的多媒体格式转换软件，它几乎支持所有多媒体格式到常用几种格式的转换。并可以设置文件输出配置，也可以实现转换 DVD 到视频文件，转换 CD 到音频文件等。并支持转换文件的缩放、旋转等。具有 DVD 抓取功能，轻松备份 DVD 到本地硬盘。还可以方便地截取音乐片断或视频片断。

格式工厂的最新版是 V4.6.0，下载地址：http://www.pcfreetime.com/。

安装并启动该软件后，将打开格式工厂主界面窗口，该窗口包含菜单栏、工具栏、折叠面板和转换列表等，如图 5-11 所示。

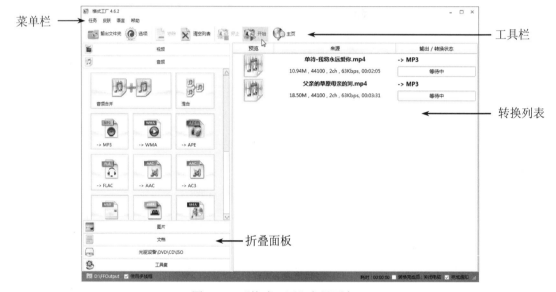

图 5-11　"格式工厂"主界面窗口

实验六　Windows 7 的系统设置与维护

实验目的

（1）了解控制面板中常用命令的功能与特点。

（2）了解打印机的安装和使用方法。

（3）了解应用程序的安装与卸载的正确方法。

（4）掌握显示器的显示、个性化、区域属性和系统/日期设置的方法。

实验内容与操作步骤

实验 6-1　控制面板的打开与浏览。

操作方法及步骤如下：

（1）单击"开始 "→"控制面板"命令（用户也可打开"计算机"窗口，在工具栏中单击 打开控制面板 按钮），打开"控制面板"窗口。

（2）将鼠标指针指向某一类别的图标或名称，可以显示该项目的详细信息。

（3）要打开某个项目，可以双击该项目图标或类别名。

（4）单击工具栏中"查看方式"列表框的某个命令，用户可以按照"类别""大图标"和"小图标"三种方式改变控制面板的视图显示方式（以下实验内容，均在"大图标"视图界面下进行）。

实验 6-2　打印机的安装。

操作方法及步骤如下：

（1）打开"控制面板"，单击"设备和打印机"图标（也可单击"开始"→"设备和打印机"选项），打开"设备和打印机"窗口，如图 6-1 所示。

图 6-1　"设备和打印机"窗口

（2）在"设备和打印机"窗口上的工具栏中，单击"添加打印机"命令按钮，出现"要安装什么类型的打印机？"对话框，如图 6-2 所示。

图 6-2　"要安装什么类型的的打印机？"对话框

（3）在"要安装什么类型的打印机？"列表处，单击"添加本地打印机"选项，出现"选择打印机端口"对话框，如图 6-3 所示。

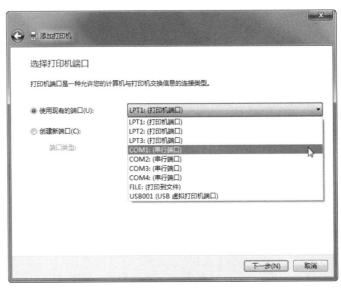

图 6-3 "选择打印机端口"对话框

（4）在图 6-3 中，在"使用现有的端口"下拉列表框中，选择"LPT1：（打印机端口）"，该端口是 Windows 7 系统推荐的打印机端口，驱动程序然后单击"下一步"按钮。

（5）出现如图 6-4 所示的"安装打印机驱动程序"对话框。在该对话框中可以选择打印机生产厂商和打印机型号，本例选择 Canon LBP5700 LIPS4。

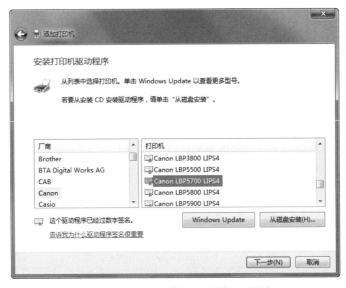

图 6-4 "安装打印机驱动程序"对话框

（6）单击"下一步"按钮，打开"键入打印机名称"对话框，如图 6-5 所示。用户可以在"打印机名称"文本框处输入打印机的名称，如 Canon LMP5700 LIPS4。

图 6-5　"键入打印机名称"对话框

（7）单击"下一步"按钮，系统开始安装该打印机的驱动程序。稍等一会，驱动程序安装后，出现"打印机共享"对话框，如图 6-6 所示。如果要在局域网上共享这台打印机，则单击"共享此打印机以便网络中的其他用户可以找到并使用它"选项，并输入共享名称，否则单击"不共享这台打印机"选项，然后单击"下一步"按钮。

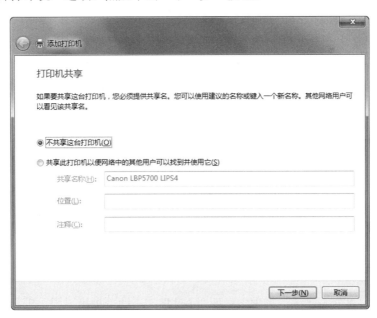

图 6-6　"打印机共享"对话框

（8）单击"下一步"按钮，打开"添加成功"对话框，如图 6-7 所示。在此对话框中，用户可以决定是否将新安装的打印机"设置为默认打印机"，以及决定是否"打印测试页"。最后，单击"完成"按钮，新打印机添加成功。

图6-7   "添加成功"对话框

实验 6-3   自定义"开始"菜单。

操作方法如下：

（1）打开"控制面板"窗口。

（2）将鼠标指向"任务栏和「开始」菜单"子项后，双击打开如图6-8所示的对话框（也可将鼠标指向任务栏的空白处右击，选择快捷菜单中的"属性"命令）。

图6-8   "任务栏和「开始」菜单属性"对话框

（3）单击"「开始」菜单"选项卡，如图6-9所示。在该选项卡中，可以设置是否"存储并显示最近在「开始」菜单中打开的程序"。单击"自定义"按钮，打开"自定义「开始」菜单"对话框，如图6-10所示。

（4）在"您可以自定义「开始」菜单上的链接、图标以及菜单的外观和行为。"列表框中，勾选"使用大图标"复选框，可以在"开始"菜单中以大图标显示各程序项。

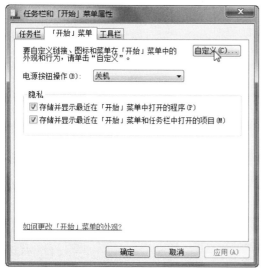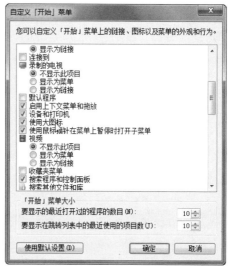

图 6-9　"「开始」菜单"选项卡　　　　图 6-10　"自定义「开始」菜单"对话框

（5）在"「开始」菜单大小"选项区域中，用户可以指定在"开始"菜单中显示常用快捷方式的个数，系统默认为 10 个，在此用户可适当设置个数；如果设置为 0，则可清除开始菜单中所有的快捷方式。

（6）在图 6-10 中，"要显示在跳转列表中的最近使用的项目数"项目中设置适当大小，可以设置显示在跳转列表（Jump List）中的最近使用的项目数。

（7）跳转列表（Jump List）的使用。

1）只要把鼠标停在开始菜单中的程序上面，会展开一个列表，显示最近打开过的文档，如图 6-11 所示。

图 6-11　"开始"菜单显示出来的"跳转列表"

2）将项目添加到任务栏中。如果鼠标右击跳转列表某一个项目，在出现的快捷菜单，执行"锁定到任务栏"（或直接把该项目拖到任务栏），则可将此项目添加任务栏中，如图 6-12 所示。

3）如果想让有些文档一直留在列表中，单击它右边的"小图钉"可以把它固定在列表中，再单击一下"小图钉"则解除固定，如图 6-13 所示。

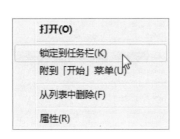

图 6-12　使用快捷菜单将项目锁定到任务栏　　　　图 6-13　固定跳转列表的某一个项目

实验 6-4　任务栏的管理。

操作方法如下：

（1）将鼠标指向任务栏的空白处右击，选择快捷菜单中的"属性"命令，打开如图 6-8 所示的对话框。

（2）隐藏任务栏。有时需要将任务栏进行隐藏，以便桌面显示更多的信息。要隐藏任务栏，只需选中"自动隐藏任务栏"复选框即可。

（3）移动任务栏。如果用户希望将任务栏移动到其他位置，则需在"屏幕上的任务栏位置"列表框处选择一个位置即可。

思考：如何用鼠标改变任务栏的位置？

（4）改变任务栏的大小。要改变任务栏的大小，可将鼠标移动到任务栏的边上，这时鼠标指针变为双箭头形状，然后按下并拖拽鼠标至合适的位置即可。

（5）勾选"使用 Aero Peek 预览桌面"复选框，可透明预览桌面。

（6）添加工具栏。右击任务栏的空白处，打开任务栏快捷菜单，然后选择"工具栏"菜单项，在展开的"工具栏"子菜单中，选择相应的选项即可。

（7）创建工具栏。在任务栏的工具栏菜单中，单击"新建工具栏"命令，打开"新建工具栏"对话框。在列表框中选择新建工具栏的文件夹，也可以在文本框中输入 Internet 地址，选择好后，单击"确定"按钮即可在任务栏上创建个人的工具栏。

创建新的工具栏之后，再打开任务栏快捷菜单，执行其中的"工具栏"命令时，可以发现新建工具栏名称出现在它的子菜单中，且在工具栏的名称前有一符号"√"。

实验 6-5　查看与更改日期/时间。

操作方法及步骤如下：

（1）单击"控制面板"窗口的"日期和时间"图标，或右击任务栏右侧日期和时间通知区，在弹出的快捷菜单中，单击"调整日期/时间"命令，在弹出的对话框中执行"更改日期和时间设置"，打开如图 6-14 所示的"日期和时间"对话框。

图 6-14 "日期和时间"对话框

（2）单击"更改日期和时间"命令按钮，打开如图 6-15 所示"日期和时间设置"对话框。用户如果需要可设置日期和时间。

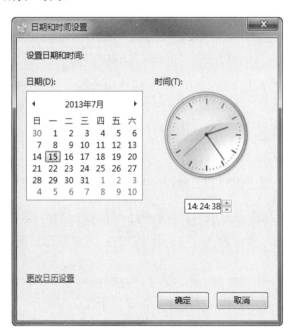

图 6-15 "日期和时间设置"对话框

（3）单击"更改时区"命令按钮，用户可以设置时区值；单击"Internet 时间"选项卡，可以设置计算机与某台 Internet 时间服务器同步。单击"附加时钟"选项卡，可以设置添加在"日期和时间"通知区的多个时间。

实验 6-6　卸载或更改程序。

操作方法和步骤如下：

（1）打开"控制面板"窗口，单击"添加或删除程序"图标，弹出如图 6-16 所示的"卸载或更改程序"窗口。

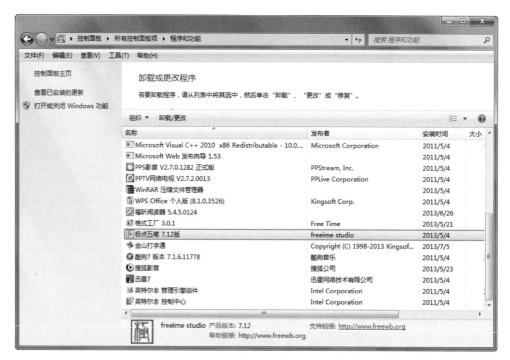

图 6-16　"卸载或更改程序"窗口

（2）如果要删除一个应用程序，可在"卸载或更改程序"列表框中，选择要删除的程序名，单击"卸载/更改"按钮，在出现的向导中选择合适的命令或步骤即可。

实验 6-7　屏幕个性化与分辨率的设置。

操作方法及步骤如下：

（1）从网址 http://windows.microsoft.com/zh-cn/windows/themes 下载所需要的主题"ChickensCantFly_mc（鸡不会飞）"，并应用到本机上。

右击桌面，在弹出的快捷菜单中执行"个性化"命令，打开"个性化"设置窗口。在该窗口中，重新设置桌面墙纸，并设置"拉伸"显示属性；将屏幕保护程序设置为"变幻线"，设置等待时间为 1 分钟。

（2）在打开的"控制面板"窗口中，单击"控制面板"窗口中的"个性化"图标（也可在桌面的空白处右击，在弹出的快捷菜单中，选择"个性化"命令），打开"显示属性"对话框，如图 6-17 所示。

（3）单击"单击某个主题立即更改桌面背景、窗口颜色、声音和屏幕保护程序"列表框处，选择一个主题；分别单击"桌面背景""窗口颜色""声音"和"屏幕保护程序"命令，可设置桌面背景、窗口显示的颜色、操作所发出的声音以及屏幕保护程序等。在"背景"列表框中选择图片"金色花瓣"，在"位置"下拉列表框中选择"拉伸"，观察背景的变化。

图 6-17　"个性化"设置窗口

（4）单击导航窗格处的"显示"命令，或单击"控制面板"中的"显示"图标，打开如图 6-18 所示的"显示"窗口，用户可设置合适的显示分辨率，如 1280×720 等。

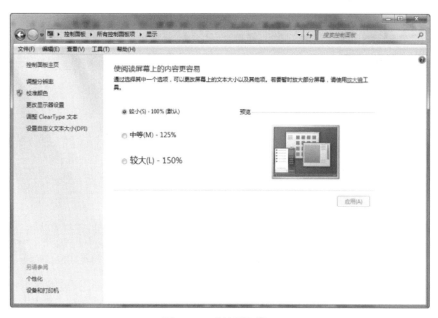

图 6-18　"显示"窗口

思考与综合练习

1. 在桌面上建立一个"控制面板"的快捷方式。
2. 给自己所使用的计算机配置一定大小的虚拟内存。

3．4 月 26 日是 CIH 病毒发作的日子。假设今天是 4 月 25 日，请将系统的日设置为 27 日，以避免明天病毒发作。

4．设置屏幕保护程序为"三维文字"，旋转类型为"跷跷板式"，表面样式为"纹理"。

5．设置屏幕保护程序为"三维文字"，文字内容"自己姓名＋班级"，要等待时间为 1 分钟，并要有密码保护。

6．设置外观为你喜欢的样式。

7．要求桌面只显示"计算机"和"回收站"图标。

8．更改桌面"计算机"的图标。

9．设置文件夹打开方式为不同窗口打开不同文件夹，并显示文件扩展名，显示隐藏文件。

10．试创建一个名为"user"的账户，账户类型为"受限账户"，并为其设定密码。

11．把 C 盘的页面文件大小自定义为最小值 3072M、最大值 8192M。

12．设置 Windows 7 键盘鼠标键及使用。

● 设置鼠标键。

启用鼠标键就是用键盘来控制鼠标的移动，在 Windows 7 系统中这个选项在控制面板的轻松访问中心——使键盘更易于使用中，下面是图文说明。

（1）打开"控制面板"→"轻松访问中心"（或按下 ⊞+U 组合键），打开"轻松访问中心"窗口，如图 6-19 所示。

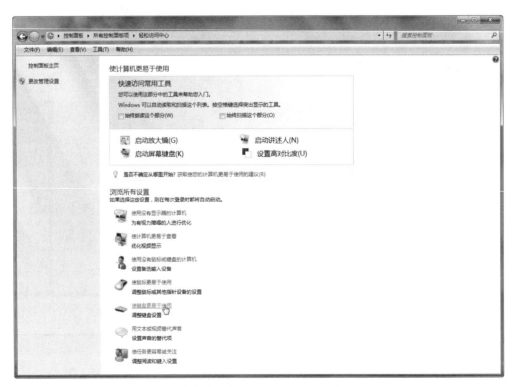

图 6-19　"轻松访问中心"窗口

（2）单击"使键盘更易于使用"选项，打开如图 6-20 所示的"使键盘更易于使用"界面。

图 6-20　"使键盘更易于使用"界面

（3）在"使用键盘控制鼠标"样式处，勾选"启用鼠标键"复选框，然后单击"设置鼠标键"命令，打开如图 6-21 所示的"设置鼠标键"窗口。

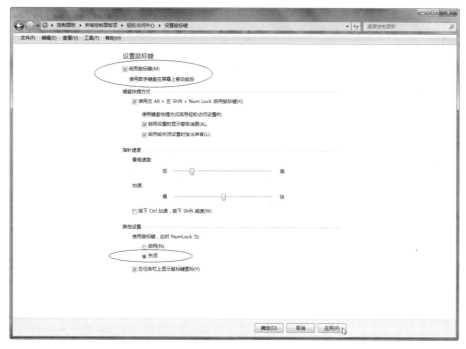

图 6-21　"设置鼠标键"窗口

（4）在"设置鼠标键"样式处，勾选"启用鼠标键"复选框；在"其他设置"样式中，单击"使用鼠标键，此时 NumLock 为："下面的"关闭"单选框，再单击右下角的"应用"按钮。

（5）两次单击"确定"按钮，回到"轻松访问中心"界面，单击右上角的"▬▬▬▬▬"按钮，关闭"控制面板"并回到桌面。按 NumLock 键，查看键盘右上角的 NumLock 指示灯，使其关闭，这时就可使用数字键盘上相应的键来验证鼠标键的使用了。

注：启用鼠标键后托盘中会显示一个鼠标图标"🖱"。

（6）鼠标键的打开与关闭。模拟鼠标的鼠标键指的是键盘右侧的小键盘（数字键盘），按 NumLock 键进行切换。

● 鼠标键的三种状态。

1）标准单击状态：启用鼠标键后系统处于该状态下，此时，所有的操作都与左键有关，托盘中的鼠标图标左键发暗。

2）右键单击状态：按数字键盘上的减号（-）进入该状态，此时所有的操作都与右键有关，托盘中的鼠标图标右键发暗。

3）同时按下左右键状态：按数字键盘上的星号（*）进入该状态，此时所有的操作都是在左、右两键同时按下的状态下进行，托盘中的鼠标图标左、右两键都发暗。要切换到标准单击状态，可按数字键盘上的斜杠（/）键。

● 用"鼠标键"移动鼠标指针。

1）水平或垂直移动鼠标指针：按数字键盘上的箭头键。

2）沿对角移动鼠标指针：按数字键盘上的 Home、End、PageUp 和 PageDown 键。

3）加快移动：先按住 Ctrl 键，然后再按（1）、（2）中的按键。

4）减慢移动：先按住 Shift 键，然后再按（1）、（2）中的按键。

5）用"鼠标键"单击，按数字键 5，双击则按数字键盘上的加号（+）。

（7）用"鼠标键"拖放。

1）按箭头键将鼠标指针移动到要拖放的对象上。

2）按 Ins 键选中（或称抓起）对象。

3）按箭头键将鼠标指针移动到目的地。

4）按 Del 键释放对象。

注：在任何时候都可以按 Esc 键取消操作。

13．试完成以下内容。

（1）在 D 盘根目录上新建一个文件夹，文件夹的名字为自己的学号+名字，如 201808061009 钱多多。完成作业后将所有结果（屏幕截图）放在该文件夹中。

（2）设置在不同窗口中打开不同的文件夹，将窗口画面保存为"1_打开文件夹的窗口设置.jpg"。

（3）设置在导航窗格中显示所有文件夹，将窗口画面保存为"2_导航窗格.jpg"。

（4）设置显示隐藏的文件、文件夹和驱动器，将窗口画面保存为"3_显示隐藏的文件.jpg"。

（5）设置删除文件时显示删除确认对话框。将窗口画面保存为"4_删除文件设置.jpg"。

（6）修改计算机显示颜色为 16 位色，将窗口画面保存为"5_显示颜色设置.jpg"。

（7）设置计算机显示文本自定义为 130%，将窗口画面保存为"6_自定义显示文本设置.jpg"。

（8）打开添加输入法对话框，将窗口画面保存为"7_添加输入法.jpg"。

（9）设置 Windows 7 桌面背景，任意选择一幅图片，设置图片位置为平铺，将该对话框截图，保存文件名为"8_设置桌面背景.jpg"。

（10）查找本机 CPU 的频率，将该对话框截图，保存文件名为"9_CPU 频率.jpg"。

（11）修改显示器的分辨率，将该对话框截图，保存文件名为"10_显示器分辨率.jpg"。

（12）设置 Windows 系统在"关闭程序"事件时的声音，将该对话框截图，保存文件名为"11_关闭程序的声音.jpg"。

完成以上步骤后，其结果如图 6-22 所示。

图 6-22　完成结果

第3章　网络与 Internet 应用

实验七　TCP/IP 网络配置和文件夹共享

实验目的

（1）掌握本地计算机的 TCP/IP 网络配置，建立和测试网络连接。

（2）学习使用家庭网络（局域网络）资源的方法。

（3）掌握利用家庭网络（局域网络）进行网络资源搜索，设置网络共享驱动器的方法。

（4）学会建立、使用和维护网络打印机的方法。

实验内容与操作步骤

实验 7-1　本地计算机的 TCP/IP 网络配置。

操作方法及步骤如下：

1. 更改计算机名

（1）在 Windows 桌面上，右击"计算机"图标，在展开的快捷菜单中，选择"属性"命令，打开"系统"窗口。

图 7-1　"系统"窗口

（2）单击"更改设置"按钮，打开"系统属性"对话框，如图 7-2 所示。

（3）在"计算机描述"文本框处输入对计算机的描述文字，如 My first computer；单击"更改"按钮，出现"计算机名/域更改"对话框，用户可对计算机名进行更改。在"计算机名"

文本框处输入计算机名称 cdzyydx，如图 7-3 所示。

图 7-2　"系统属性"对话框

图 7-3　"计算机名/域更改"对话框

（4）单击"确定"按钮，系统提示用户必须重新启动计算机后，上面的设置才能生效，如图 7-4 所示。

（5）单击"确定"，系统回到图 7-2 所示的对话框，单击"应用"或"确定"按钮，重新启动计算机。

2．配置本地计算机的 IP 地址

（1）在"控制面板"窗口中，单击"网络和共享中心"命令，打开如图 7-5 所示的"网络和共享中心"窗口。

图 7-4　系统提示

图 7-5　"网络和共享中心"窗口

（2）单击"本地连接"命令，进入如图 7-6 所示的"本地连接 状态"对话框。单击"属性"按钮，弹出"本地连接 属性"对话框，如图 7-7 所示。在此对话框中，用户可安装或卸载有关的客户、服务和协议。

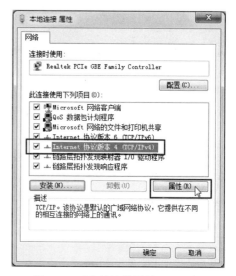

图 7-6 "网络连接"窗口 图 7-7 "本地连接属性"对话框

（3）选中"Internet 协议版本 4（TCP/IPv4）"选项，单击"属性"按钮，打开"Internet 协议版本 4（TCP/IPv4）属性"对话框，用户可进行 IP 地址的配置，如图 7-8 所示。

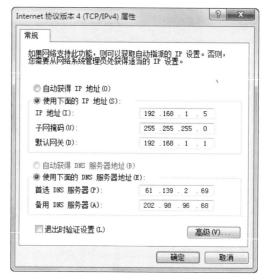

图 7-8 "Internet 协议版本 4（TCP/IPv4）属性"对话框

注：

1）要想知道自己电脑的 DNS，前提是：电脑 IP、DNS 设置成自动捕获时可以上网！自动捕获上网后，单击"开始"→"运行"命令，输入 cmd，在弹出的窗口中输入 ipconfig /all，并按下回车键。在出现的信息中，可以看到到最后两行为"DNS Servers……………：202.106.XXX.XXX"。一个是首选 DNS 服务器，一个是备选 DNS 服务器。

2）或者直接将首选 DNS 服务器的地址配置成默认的网关地址。

（4）单击"确定"按钮，并分别再次单击图 7-7 中的和图 7-6 中的"确定"和"关闭"按钮，完成 Windows 7 的网络配置。

实验 7-2　使用 Ping 命令测试本地计算机的 TCP/IP 协议。

操作方法及步骤如下：

（1）在桌面上，单击"开始"→"所有程序"→"附件"→"命令提示符"命令，出现"管理员：命令提示符"窗口，如图 7-9 所示。

图 7-9　"管理员：命令提示符"窗口

（3）输入 ping 192.168.1.5，按下 Enter 键后，查看 TCP/IP 的连接测试结果，TCP/IP 已经连通的测试结果如图 7-10 所示。

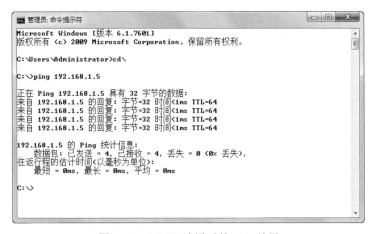

图 7-10　TCP/IP 连通时的 ping 结果

（4）不连通的情况如图 7-11 所示。

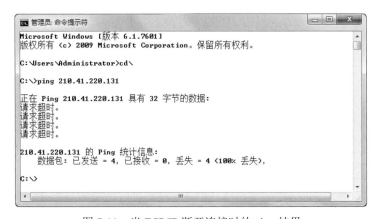

图 7-11　当 TCP/IP 断开连接时的 ping 结果

实验 7-3 将用户"Administrator"中的"我的文档"，即 C:\Users\Administrator\Documents 共享到局域网络上，共享名称为 GX1。

操作方法及步骤如下：

（1）打开用户"Administrator"文件夹，右击"我的文档"，在弹出的快捷菜单中，执行"属性"命令，弹出如图 7-12 所示的"我的文档 属性"对话框。

（2）选择"共享"选项卡，单击"高级共享"按钮，弹出"高级共享"对话框，如图 7-13 所示。在此对话框中，将共享的文件夹名设置为 GX1。

图 7-12 "我的文档 属性"对话框

图 7-13 "高级共享"对话框

如果单击图 7-13 中的"权限"按钮，弹出如图 7-14 所示"GX1 的权限"对话框。在该对话框中，可以设置用户查看共享文件夹的权限，如"完全控制""更改""读取"，两次单击"确定"按钮，返回到图 7-12 所示的对话框中。

（3）在图 7-12 中，单击"共享"按钮，系统弹出"文件共享"对话框，如图 7-15 所示。然后，在"选择要与其共享的用户"栏中选择要添加的用户，本例是 Everyone。

图 7-14 "GX1 的权限"对话框

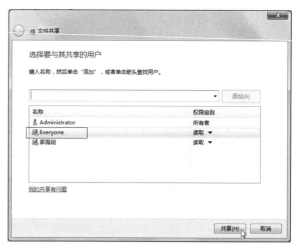

图 7-15 "文件共享"对话框

（4）单击"共享"按钮，弹出"网络发现和文件共享"对话框，根据情况选择相符合的网络环境，本题使用"否，使已连接到的网络成为专用网络"选项，如图 7-16 所示。

（5）共享完成后将弹出"文件共享"对话框，单击"完成"按钮，如图 7-17 所示。

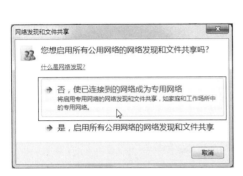

图 7-16　"网络发现和文件共享"对话框　　　　图 7-17　"文件共享"对话框

实验 7-4　查找局域网络计算机和该计算机上的共享资源，并将所搜索到的 gx1 共享文件夹定义为自己的 G 盘。

操作方法及步骤如下：

（1）在桌面上，双击"网络"图标，打开"网络"窗口，如图 7-18 所示。

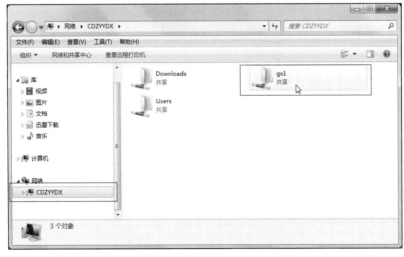

图 7-18　"网络"窗口

（2）"网络"窗口左侧导航窗格中，单击"网络"图标，展开网络中的共享计算机或设备。

（3）单击需要访问的计算机，本例主机是 cdzyydx，这时"网络"窗口的右侧工作区中显示该主机中共享的文件夹，再双击共享文件夹名就可以访问到共享文件夹中的文件。

（4）单击选择共享文件图标，如 gx1。执行"工具"菜单中的"映射网络驱动器"命令

（或右击，在弹出的快捷菜单中执行"映射网络驱动器"命令），系统将打开"映射网络驱动器"对话框，如图 7-19 所示。

图 7-19　"映射网络驱动器"对话框

（5）在"映射网络驱动器"对话框中的"驱动器"右侧的下拉列表中选择将远程的另一台计算机上的共享文件夹资源定义为自己的盘符 R。

（6）单击"完成"按钮，网络映射驱动器设置成功。最后用户可对 R 盘中的对象进行有关的操作，如移动、复制和建立快捷方式等。

实验 7-5　在提供打印机服务的主机上设置共享打印机。

操作方法及步骤如下：

（1）单击"开始"→"控制面板"→"设备和打印机"选项，打开"设备和打印机"窗口，如图 7-20 所示。

图 7-20　"设备和打印机"对话框

（2）在此窗口中，鼠标右击需要共享的打印机，如 HP LaserJet 1020。在弹出的快捷菜单中执行"打印机属性"命令，打开"HP LaserJet 1020 属性"对话框，如图 7-21 所示。

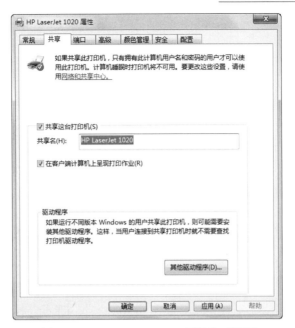

图 7-21　"HP LaserJet 1020 属性"对话框

（3）单击"共享"选项卡，勾选"共享这台计算机"复选框，单击"确定"按钮，即可完成打印机共享到局域网络的操作设置。在"网络"窗口中，可以看到打印机 HP LaserJet 1020 成为共享资源。

实验 7-6　在使用网络打印机的计算机上安装打印机的网络驱动程序。

操作方法及步骤如下：

（1）打开使用共享打印机的计算机，在 Windows 7 桌面上双击"网络"图标，打开"网络"窗口，如图 7-22 所示。

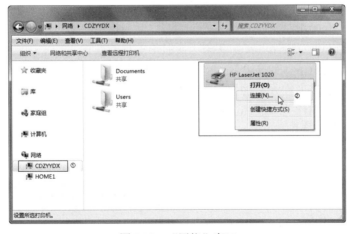

图 7-22　"网络"窗口

（2）打开共享打印机所在的主机，右击共享打印机图标，执行弹出的快捷菜单中的"连接"命令，弹出"Windows 打印机安装"对话框，如图 7-23 所示。

图 7-23   "Windows 打印机安装"对话框

（3）然后 Windows 7 系统会自动下载并安装该共享打印机的驱动程序。安装结束后，用户即可使用该共享打印机了。

注：在用户使用的计算机中，有的安装 32 位的 Windows 7，有的安装 64 位的 Windows 7，有的打印机型号比较旧，此时图 7-22 所示的过程不能完成。因此，建议在共享打印机连接前，事先安装好本地计算机使用的和共享打印机型号相同的驱动程序，方便连接。

思考与综合练习

1. 如何配置 TCP/IP 协议？试写出配置 TCP/IP 协议的主要操作步骤。
2. 查看有关 Windows 7 系统在局域网文件共享设置方法。
3. 如何通过"网络"浏览并查看共享文件夹？如何将共享文件夹定义成映射驱动器？如何断开一个映射驱动器？
4. 将几台安装 Windows 7 系统的计算机设置为家庭网络。
5. 在局域网中，如何让不同网段的计算机同时访问共享文件夹？

实验八   Internet 基本使用

实验目的

（1）掌握 IE（Internet Explorer）9 浏览器的启动与退出方法。
（2）掌握 IE（Internet Explorer）9 浏览器启动主页的设置。
（3）掌握其他浏览器（如 360 极速浏览器）的使用。
（4）掌握搜索引擎或搜索器的使用。
（5）掌握网页及图片的下载和保存的方法。
（6）熟悉一些常用的网站地址并理解 Web 资源的组织特点。

实验内容与操作步骤

实验 8-1   启动 IE 浏览器，浏览网易主页（https://www.163.com/）。
操作步骤如下：

（1）在 Windows 桌面上双击 Internet Explorer 浏览器图标，或在任务栏中单击快速启动栏中的 Internet Explorer 图标，即可启动 IE 浏览器。

（2）在 IE 浏览器的地址栏输入网站地址 https://www.163.com/，按下 Enter 键稍等片刻，IE 浏览器窗口出现网易网站主页画面，如图 8-1 所示。

图 8-1　网易网站的主页画面

（3）单击"文件"菜单中的"退出"命令，或单击窗口右上角的"关闭"按钮 ___X___ ，即可关闭 IE 浏览器窗口。

实验 8-2　打开 IE 浏览器窗口，对 IE 浏览器作以下修改：

● 　将 IE 浏览器的菜单栏和状态栏屏蔽。

● 　设置 IE 浏览器的数据缓冲区为 512MB。

● 　取消"在网页中播放动画"功能。

● 　浏览百度（https://www.baidu.com/）主页，将该网站主页设置为默认的主页。

● 　使用百度的搜索引擎查询教学课件"计算机应用基础.ppt"。

具体的操作方法如下：

（1）在任务栏中单击 Internet Explorer 浏览器图标 ___e___ ，启动 IE 浏览器。

（2）单击"查看"菜单中的"工具栏"选项，打开"工具栏"级联菜单，如图 8-2 所示，分别消除"菜单栏"和"状态栏"菜单条目的对号符号"√"，完成对菜单栏和状态栏的屏蔽。

图 8-2　"工具栏"级联菜单

（3）单击"工具"菜单中的"Internet 选项"命令，打开"Internet 选项"对话框，如图 8-3 所示。

（4）单击"常规"选项卡，在"浏览历史记录"栏中单击"设置"按钮，打开"Internet 临时文件和历史记录设置"对话框，如图 8-4 所示。

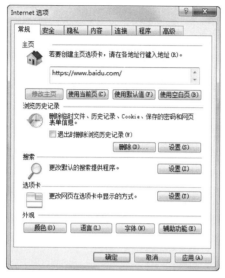

图 8-3　"Internet 选项"对话框

图 8-4　"Internet 临时文件和历史记录"对话框

（5）在"要使用的磁盘空间"微调框中输入或通过微调器按钮调整一个大小合适的数值，如 512，使要使用的磁盘空间达到 512MB，然后单击"确定"按钮，关闭"设置"对话框，即可设置好 IE 浏览器的数据缓冲区为 512MB。

（6）在"Internet 选项"对话框中，单击"高级"选项卡，如图 8-5 所示。在"设置"列表框中，取消勾选"在网页中播放动画"复选框，单击"确定"按钮，则 IE 浏览器取消该功能。

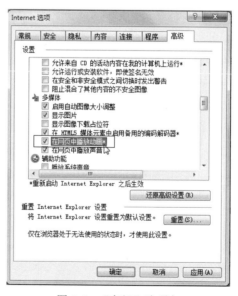

图 8-5　"高级"选项卡

（7）在地址栏处输入 https://www.baidu.com/，按下 Enter 键，打开百度网站主页。然后，打开如图 8-3 所示的"Internet 选项"对话框。单击"常规"选项卡，在"主页"栏处，单击"使用当前页"按钮，则下次打开 IE 浏览器时，将自动进入百度的主页。

（8）在百度网站主页"搜索"栏处输入"计算机应用基础+PPT"（或计算机应用基础.PPT），单击 搜索按钮，百度搜索引擎开始搜索和词条"计算机应用基础+PPT"有关的信息，搜索显示结果如图 8-6 所示。

图 8-6 使用百度搜索引擎进行相关搜索的结果

（9）在出现的众多"计算机应用基础"条目中，选择自己感兴趣的项，单击可打开相关的内容网页。

实验 8-3 将优秀网站地址收录到收藏夹。

（1）启动 IE 浏览器。

（2）在地址栏中输入"中国教育"，然后按 Enter 键，则可以通过实名地址的方法，搜索与"中国教育"相关的网站，打开"中国教育和科研计算机网"网站。

（3）单击"收藏夹"菜单中的"添加到收藏夹"命令（或按下组合键 Ctrl+D），打开其对话框，如图 8-7（a）所示。

（4）单击"添加"按钮，可将该计算机网站地址收藏，然后观察"收藏夹"菜单中菜单条目的变化情况；如果单击对话框中的"新建文件夹"按钮，则打开如图 8-7（b）所示的"创建文件夹"对话框，选择或新建一个文件夹，将已打开的站点地址添加到收藏夹。

（a） （b）

图 8-7 添加收藏

（5）分别打开 http://www.sohu.com/（搜狐网）、http://www.ifeng.com/（凤凰网）、https://www.taobao.com/（淘宝网）等一些网站地址并添加到收藏夹。

（6）单击"收藏夹"菜单中的"整理收藏夹"命令，打开"整理收藏夹"对话框，如图8-8所示。

图 8-8　"整理收藏夹"对话框

（7）根据需要，用户可以将选中的网站地址名称移至另外一个文件夹中，也可以将其更改名称，或在不需要时将其删除等。

实验 8-4　360 浏览器是互联网上安全好用的新一代浏览器，其体积小巧、速度快、极少崩溃，并拥有翻译、截图、鼠标手势、广告过滤等几十种实用功能，目前已成为广大网民上网的优先选择。360 浏览器分为极速浏览器和安全浏览器两种。

使用 360 浏览器浏览网页，下载网页图片、文字和网页全部资源格式。

（1）启动 360 浏览器。

（2）在地址栏中输入 https://python123.io/index/topics，按 Enter 键后，打开"Python123"学习平台主页，如图 8-9 所示。

图 8-9　"Python123"学习平台主页

（3）在网页中，单击"学习"页面下的"推荐"选项卡；再在该页面下选择所需要的题目，如"Python turtle 绘画"并单击，再选择并打开"Turtle 绘画-《小瓢虫》"页面，如图 8-10 所示。

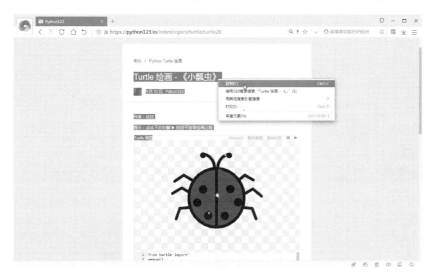

图 8-10　打开所需要的页面

（4）将鼠标指向某处，按下鼠标左键拖至另一处，将所需文本选定；右击，在弹出的快捷菜单中选择"复制"命令，将信息存入剪贴板；启动 Word 应用程序，再将剪贴板中的信息粘贴到 Word 文档中。有时，如果要保存网页中的全部文字，可使用"文件"菜单中的"另存为"命令，在弹出的"另存为"对话框中选择保存类型为"文本文件"即可。

（5）右击要保存的图片，在弹出的快捷菜单中，选择"图片另存为"命令，打开"保存图片"对话框，指定保存位置和文件名即可将图片保存。

（6）若需要保存整个网页，则可选择"文件"菜单中的"另存为"命令，打开"另存为"对话框，在保存类型下拉列表框中选择"网页，全部（*.htm;*.html）"项。

实验 8-5　迅雷 9 下载软件的使用。迅雷 9 是一款下载软件，支持同时下载多个文件，支持 BT、电驴文件下载，是下载电影、视频、软件、音乐等文件所需要的软件。

迅雷 9 软件安装后，就可使用了。下面以在天空下载软件站（http://www.skycn.com/）下载迅雷 9 软件为例，介绍迅雷 9 的使用。

1．右键下载

（1）启动 360 浏览器。

（2）在地址栏中输入 http://www.skycn.com/，按 Enter 键后，打开"天空下载"软件站主页，如图 8-11 所示。

（3）在"软件搜索框"中输入要下载的软件名，如迅雷 9，或利用导航菜单条相关菜单搜索或查看需要下载的软件，搜索结果显示在页面的右侧。

（4）在要下载的软件名的右侧，右击 高速下载 按钮，在弹出的快捷菜单中，执行"使用迅雷下载"命令，弹出如图 8-12 所示的"新建任务"对话框。

下载时，软件存放在迅雷 9 默认下载目录，用户可自行更改文件下载目录。目录设置好后单击"立即下载"按钮。

图 8-11　"天空下载"软件站主页

图 8-12　"新建任务"对话框

（5）单击"立即下载"按钮，打开如图 8-13 所示下载界面。

图 8-13　迅雷 9 下载界面

　　下载完成后的文件会显示在左侧"已完成"的目录内，用户可自行管理。到此步骤为止，一个软件就下载好了。

注：在要下载的软件名的右侧，单击 高速下载 按钮，弹出如图 8-14 所示的 360 浏览器内置下载对话框。在图 8-14 对话框中，选择下载软件要保存的位置，输入下载软件的新文件名（一般不需要更改），单击"立即下载"按钮，即可将要下载的软件下载到用户指定的文件夹。

2．直接下载

如果已经知道一个文件的绝对下载地址，例如 http://download.skycn.com/hao123-soft-online-bcs/soft/2017_09_22_Thunder9.1.41.914.exe 这样的，那么可以先复制此下载地址，复制之后迅雷 9 会自动弹出新建任务下载框，如图 8-15 所示。

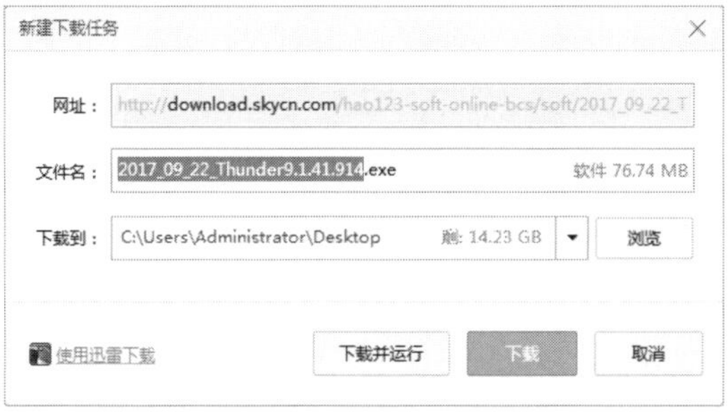

图 8-14　360 浏览器内置"新建下载任务"对话框 　　　图 8-15　迅雷 9"新建任务"对话框

也可以单击迅雷 9 主界面左上角的"新建任务"按钮 +，将刚才复制的下载地址粘贴在新建任务栏上。然后再单击"立即下载"按钮，下载完成后会显示在左下方"已完成"目录下。

3．使用网上搜索时提供的链接下载

下面我们以用迅雷 9 下载电影为例，说明使用网上搜索时提供的链接下载内容。

（1）打开迅雷 9，在迅雷 9 首页界面的地址栏或搜索框，直接输入要下载的电影或者电视剧进行搜索（这里以下载"战狼 2"为例），如图 8-16 所示。

图 8-16　迅雷 9 搜索内容

（2）在搜索跳出的页面中，直接选中一个单击进入，如"2017 年国产 7.4 分动作片《战狼 2》BD 国语中英双字迅雷下载_电影天堂"。打开该电影下载界面。

（3）进入后往下拉找到"下载地址"，如图 8-17 所示。

图 8-17　下载地址信息

（4）单击下载地址，出现"新建磁力链接"对话框，如图 8-18 所示。

图 8-18　"新建磁力链接"对话框

（5）单击"立即下载"按钮，开始下载。

思考： 如何使用 BT 种子下载《战狼 2》电影。

实验 8-6　Outlook 2010（简称 Outlook）的使用。

Outlook 2010 是 Microsoft Office 2010 中的一个组件，该程序只有在安装了 Microsoft Office 2010 并选中安装 Outlook 2010 才能使用。Windows 7 中没有 Outlook 2010 或 Outlook Express，但在 Windows Live 中有一个类似的软件即 Windows Live mail，使用方法大体相似。

使用 Outlook 2010，具体的操作方法如下：

1．申请一个电子邮箱

想要收发电子邮件，必须先拥有电子邮箱，用户可以从 http://www.163.com、http://www.21cn.com、http://www.sina.com 和 http://cn.yahoo.com 等网站申请免费邮箱。

由于 QQ 的流行使用，现在大多数用户拥有一个或多个 QQ 号，此 QQ 号也就是用户的免费邮箱，具体地址的形式是：123456789@qq.com。

下面我们以某个 QQ 邮箱为例说明使用 Outlook 2010 查看邮件的方法。

2．开启 QQ 邮箱的 POP3/SMTP 服务

（1）首先用 IE 打开 mail.qq.com，登录自己的 QQ 邮箱，如图 8-19 所示。

图 8-19　登录用户的 QQ 邮箱

（2）在邮箱首页中，单击"设置"按钮，打开"设置"页面窗口，如图 8-20 所示。

图 8-20　开启 POP3/SMTP 服务

（3）单击"账户"选项卡，在"POP3/IMAP/SMTP/…服务"栏中勾选"POP3/SMTP 服务"，最后单击"保存更改"按钮，并退出 QQ 邮箱。

注：http://www.163.com、http://www.21cn.com、http://www.sina.com、http://cn.yahoo.com 等邮箱不需要上述的设置。

3．将 Outlook 与 QQ 邮箱进行关联

（1）单击"开始"→"所有程序"→"Microsoft Office"→"Microsoft Outlook 2010"命令，打开 Outlook 工作主窗口，如图 8-21 所示。

图 8-21　Outlook 2010 工作主窗口

注：第一次启动 Outlook 程序时，系统将启动 Outlook 与邮箱（账户）关联的配置向导，单击"下一步"按钮，接着在出现的第 2 个界面中，选择"否"；单击"下一步"按钮，在出现的配置向导的第 3 个界面中，勾选"继续（没有电子邮件支持）"选项，单击"完成"按钮，可直接进入 Outlook 工作主窗口。

（2）单击"文件"选项卡，打开如图 8-22 所示的界面。

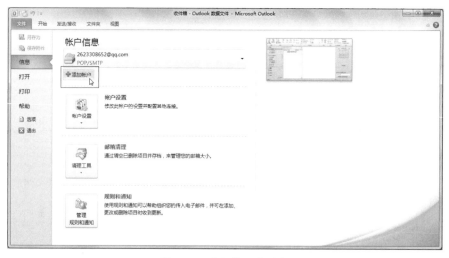

图 8-22　"文件"选项卡

（3）单击"添加账户"按钮，弹出如图 8-23 所示的"添加新账户"对话框。

（4）勾选"电子邮件账户"单选框，再单击"下一步"按钮，打开如图 8-24 所示的"添加新账户－自动账户设置"对话框。

图 8-23 "添加新账户"对话框 图 8-24 "添加新账户－自动账户设置"对话框

（5）单击"手动配置服务器设置或其他服务器类型"选项，单击"下一步"按钮，打开如图 8-25 所示的"添加新账户－选择服务"对话框。

（6）单击"Internet 电子邮件"选项，单击"下一步"按钮，打开如图 8-26 所示的"添加新账户－Internet 电子邮件设置"对话框。在此对话框中，按图中的操作步骤（以中文数字表示）进行参数设置。

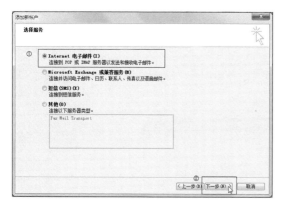

图 8-25 "自动账户设置"对话框 图 8-26 "添加新账户－Internet 电子邮件设置"对话框

（7）单击"其他设置"按钮，打开如图 8-27 所示的"Internet 电子邮件设置"对话框。

图 8-27 "Internet 电子邮件设置"对话框

（8）单击"发送服务器"选项卡，勾选"我的发送服务器（SMTP）要求验证"选项，并单击"使用与接收邮件服务器相同的设置"单选框。

（9）在图 8-27 中，单击"高级"选项卡，打开如图 8-28 所示的"Internet 电子邮件设置－高级"对话框界面。在"传递"栏中，勾选"在服务器上保留邮件的副本"选项。

（10）单击"确定"按钮，回到图 8-26 所示的界面。单击"下一步"按钮，系统出现"测试账户设置"对话框，如图 8-29 所示。

图 8-28 "Internet 电子邮件设置－高级"选项卡　　　　图 8-29 "测试账户设置"对话框

"测试账户设置"的过程可能要等几分钟，如果正常，出现"添加新账户－完成"对话框，如图 8-30 所示。

图 8-30 "添加新账户－完成"对话框

最后，单击"完成"按钮，账户添加完毕。用同样的方法，可添加其他账户（其他的电子邮箱）。

4. 使用 Outlook 发送和接收邮件

（1）上述设置完成后，先试着给自己发一封信，按以下步骤：

1）在图 8-21 所示的窗口中，打开"开始"选项卡，单击"新建"组中的"新建电子邮件"按钮 ，打开如图 8-31 所示"邮件"窗口。

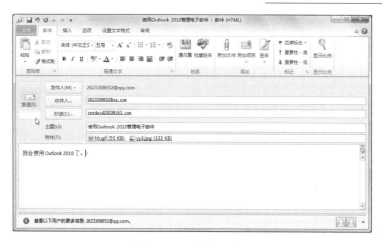

图 8-31 "邮件"窗口

2）依次输入收件人、抄送、主题等项，在内容栏输入"我会使用使用 Outlook 2010 了"。在内容栏中，也可类似 Word 进行编辑，在此不再详述；单击"附加文件"按钮![附加文件]，在打开"插入文件"对话框中选择要插入的附件，也可将插入的附件直接拖至"附件"框中。

3）内容和附件准备就绪后，单击"邮件"窗口左上方的"发送"按钮![发送(S)]，Outlook 会将邮件发送出去，同时，邮件存在该账户中的"发件箱"里。

4）单击"文件"选项卡中的"另存为"命令，可以将当前建立的邮件以文件（*.msg）的形式进行保存，以便将来再次使用。

（2）接收邮件。

单击图 8-21 中的"发送/接收"选项卡中的"发送/接收组"按钮![发送/接收组]，在弹出命令列表框中选择要接收邮件的账户，在其弹出的子菜单中，执行接收"收件箱"命令，弹出如图 8-32 所示的"Outlook 发送/接收进度"窗口。

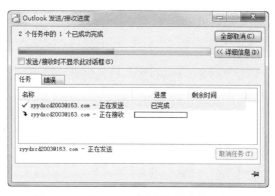

图 8-32 "Outlook 发送/接收进度"窗口

在图 8-32 中，单击"全部取消"按钮，中断接收，只接收部分邮件，否则将接收全部邮件，这个过程可能较长。

（3）查看邮件。

1）在图 8-21 的导航栏中，单击某账户前的"折叠"按钮▷，展开该账户的邮件管理结构。

单击"收件箱"图标，该账户接收的邮件将显示在中部的邮件列表框中。

2）单击右侧"最小化待办事项栏"按钮，将"待办事项栏"最小化。单击邮件列表框中的某一邮件，本例是带一附件的邮件 cesc1_edu。

3）单击该邮件，邮件内容显示的右侧的邮件内容查看框中（或者双击该邮件，系统将弹出"邮件"查看窗口，并显示邮件的内容），如图 8-33 所示。

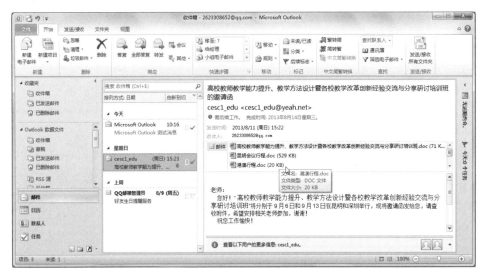

图 8-33　在 Outlook 窗口查看邮件

4）双击右侧中的某一附件，可查看附件的内容。如果右击某一附件，在出现的快捷菜单中可选择"预览""打开""另存为""保存所有附件"和"删除附件"等命令，用户可选择执行。

如果要对邮件中的附件进行处理，也可使用 Outlook 系统主选项卡中的附件工具"附件"选项卡中的相关命令。

（4）回复和转发。

打开收件箱阅读完邮件之后，可以直接回复发信人。单击 Outlook 主窗口"开始"选项卡"响应"组中的"答复"按钮或"全部答复"按钮，即可撰写回复内容并发送出去。如果要将信件转给第三方，单击"转发"按钮，显示转发邮件窗口，此时邮件的标题和内容已经存在，只需填写第三方收件人的地址即可。

实验 8-7　使用中国知网检索文献。

（1）打开中国知网首页（网址 http://www.cnki.net/）。网站有两种入口：电信、网通用户入口和教育网用户入口。如果在学校访问，可以选择教育网用户入口。如图 8-34 所示。

（2）选择"资源总库"选项，打开"资源总库"页面，如图 8-35 所示。

（3）找到所要检索类别，如《中国学术期刊（网络版）》，单击此链接处，打开《中国学术期刊（网络版）》检索页面。可以在检索页面设置检索的条件以及选择文献学科范围和定制文献库。

检索主题为"用 VB.NET 开发图形数据库"，其他条件均不设置。单击"检索"按钮。在检索结果列表中可以查看检索记录条数，选择排序方法，如图 8-36 所示。

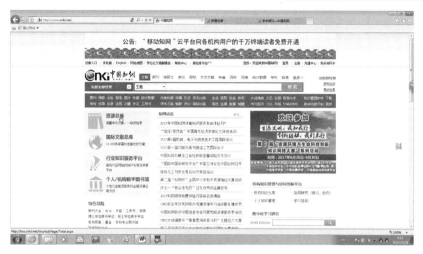

图 8-34　中国知网首页

图 8-35　"资源总库"页面

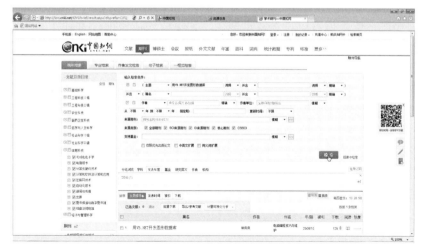

图 8-36　检索的结果

（4）选择题名列表中的文献标题，即可以查询具体内容。比如选择序号为 1 的第一条记录的题名，则可打开该文献的简单介绍。

提示： 如果要下载整篇文章阅读，需要为中国知网合法用户。如果在校内上网，可以从学校图书馆主页（http://lib.cuc.edu.cn）进入中国知网直接查询和阅读相应文献。

实验 8-8 使用搜狗电子地图。

（1）打开搜狗电子地图（网址 http://map.sogou.com/），搜狗电子地图提供二维、三维和卫星电子地图。

（2）使用二维电子地图。

默认情况下，打开搜狗地图主页，即可查看二维电子地图，这种地图就是把二维纸质地图数字化，如图 8-37 所示。

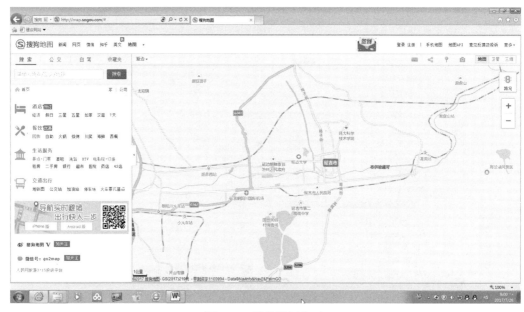

图 8-37　搜狗地图主页

可以查看中国地图，也可以查看城市地图。如果要切换城市，可以在城市切换列表选择已经纳入电子地图的城市，也可以在搜索框中直接输入城市名称。

选择城市"延吉"，在搜索框中输入"公园路 780 号"，单击"搜索"按钮，即可出现与搜索结果相对应的地图，如图 8-38 所示。单击"公园路 780 号"搜索点，会弹出一个"详情"对话框，可以查阅交通路线和周边情况。

（3）使用三维地图。

在地图区域右上角单击"三维"按钮，即可查询当前地图的三维效果，与二维地图比较，三维地图对地形更直观一些。如可以查看被放大的"天安门"三维效果地图，如图 8-39 所示。

注意： 有些地区暂时没有三维效果地图。

（4）使用卫星地图。

在地图区域左上角的类型切换按钮区域，单击"卫星"按钮，即可查询当前地图的卫星拍摄效果，如图 8-40 所示。

图 8-38　搜索结果

图 8-39　三维地图

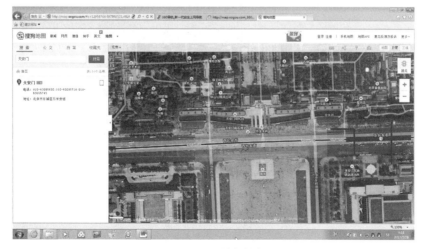

图 8-40　卫星地图

卫星地图除了直观之外，也能反映地貌特点，尤其查阅地形比较复杂的位置的时候，更实用一些。

扩展内容：

①尝试使用百度地图（http://map.baidu.com），它的使用方法除了自身特有的功能以外，其他操作方法与搜狗地图基本相同。

②谷歌地球（Google Earth，GE）是一款 Google 公司开发的虚拟地球仪软件，它把卫星照片、航空照相和 GIS 布置在一个地球的三维模型上。可以下载这款软件，并尝试使用。

实验 8-9 常用搜索引擎的使用方法。

1. 使用百度（网址 http://www.baidu.com）

百度是全球最大的中文搜索引擎，2000 年 1 月由李彦宏、徐勇两人创立于北京中关村，致力于向人们提供"简单，可依赖"的信息获取方式。"百度"二字源于中国宋朝词人辛弃疾的《青玉案·元夕》词句"众里寻他千百度"，象征着百度对中文信息检索技术的执着追求。

百度的使用方法很简单，首先选择搜索的范围：新闻、网页、贴吧、百科等，然后输入搜索关键字，最后单击"百度一下"按钮。尝试选择范围为"新闻"，在搜索框中输入"中国传媒大学"，查看有多少条满足搜索条件的结果。

图片搜索需要单击"图片"选项，类型选择"全部图片"，在搜索框中输入和图片类型相关的关键字，比如输入"徐静蕾"，搜索查看所有和"徐静蕾"相关的图片。

百度的图片搜索，不仅仅可以搜索图片文件，并且还可以搜索已有图片文件夹的来源。如果已经有一张"徐静蕾"的图片，想知道图片来源，则可以打开"百度识图"（http://stu.baidu.com/），在搜索框中输入图片网址，也可以从本地上传图片，或者将图片拖拽至框内，如图 8-41 所示。

图 8-41　"百度识图"

可以尝试使用百度搜索音乐、视频、百科知识等。

2．使用其他搜索引擎

除了百度之外，尝试使用其他常用的搜索引擎：微软必应（www.bing.com）、搜狗搜索（www.sogou.com）、新浪爱问（iask.sina.com.cn）、网易有道（www.youdao.com）和 139 导航（http://www.139nav.com）。

思考与综合练习

1．在 IE 浏览器中如何设置默认主页？

2．打开 IE 浏览器，搜索一些信息，如计算机等级考试、英语考试、mp3 等，打开这些站点，将自己喜爱的网站地址添加到收藏夹。

3．打开如图 8-11 所示的"天空下载"软件站主页，查询一个软件，如 QQ，然后将该软件下载到本地机器的磁盘中。

4．打开 IE 浏览器，打开网址为 https://www.baidu.com/的网页，在搜索引擎中搜索关键字为"蓝牙技术"的网页。搜索后，打开某一页面，将有关"蓝牙技术"的内容复制到文件名为 Bluetooth.doc 的文件中。

5．利用搜索引擎查找"2018 全国计算机等级考试二级 python 大纲"，并将大纲内容以文件名"二级 Python 大纲.txt"进行保存。

6．利用 Outlook 给自己发送一个邮件，主题为"二级大纲"，内容为"全国计算机等级考试二级 python 大纲，见附件"，最后插入文件"二级 Python 大纲.txt"。在发送邮件的同时，将此邮件抄送一个收件人，密送一个收件人。

第4章 数据的表示与存储

实验九 数据的远程存储

实验目的

（1）学会创建一个 FTP 服务器，提供文件下载和上传功能。

（2）掌握百度网盘的使用。

实验内容与操作步骤

实验 9-1 FTP 服务器的配置与使用。

1. FTP 配置

（1）首先在本地机器上创建一个用户，这个用户是用来登录到 FTP 的。操作方法是：在 Windows 7 桌面上，右击"计算机"图标，然后依次执行"管理"→"本地用户和组"→"用户"→"新建用户"，输入用户名和密码，即创建了一个新用户。

（2）其次是在 D 盘新建"FTP 上传"和"FTP 下载"两个文件夹，并在每个文件夹里放不同的文件，以便区分。

（3）安装 IIS 组件（这些操作在具有管理员（Administrator）身份的用户账号中进行设置），依次单击"开始"→"控制面板"→"程序和功能"命令，打开"程序和功能"窗口。

单击左侧导航栏中的"打开或关闭 Windows 功能"，弹出如图 9-1 所示的"Windows 功能"对话框。

图 9-1 "Windows 功能"对话框

（4）在"Internet 信息服务"项目下，勾选"FTP 服务器"及该项目下的"FTP 服务"和"FTP 扩展性"复选框，再单击"确定"按钮，完成 FTP 服务器的安装。

2．创建下载 FTP 服务器

操作在具有管理员（Administrator）身份的用户账号中进行设置。

（1）单击"控制面板"→"管理工具"命令，打开如图 9-2 所示的"管理工具"窗口。

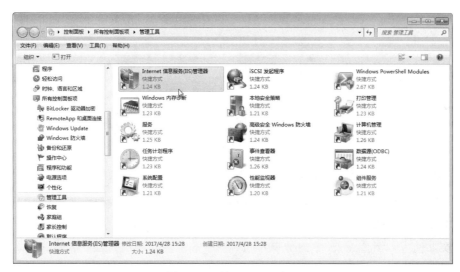

图 9-2　"管理工具"窗口

（2）在图 9-2 所示的窗口中，双击"Internet 信息服务(IIS)管理器"选项，弹出如图 9-3 所示的"Internet 信息服务(IIS)管理器"窗口。

图 9-3　"Internet 信息服务(IIS)管理器"窗口

（3）在左侧窗格中，右击计算机名称，选择"添加 FTP 站点"选项。在弹出的如图 9-4 所示的"站点信息"对话框中输入 FTP 站点的名称（例如"FTP 下载"）、物理路径（例如 "d:\FTP 下载"）。

（4）单击"下一步"按钮，打开"绑定和 SSL 设置"对话框，如图 9-5 所示。

图 9-4　"站点信息"对话框　　　　　图 9-5　"绑定和 SSL 设置"对话框

（5）在"IP 地址"文本框中输入本机的 IP 地址（例如本机 IP 地址为 192.168.7.100），然后单击"下一步"按钮，弹出如图 9-6 所示的"身份验证和授权信息"对话框（注：此步操作时要根据实际情况，慎重配置）。由于本人局域网中的安全问题没有过于敏感的信息，因此在身份验证中选中"匿名"，并允许"所有用户"访问，执行"读取"的操作权限。最后单击"完成"按钮。

（6）设置防火墙，以便其他用户通过局域网中其他计算机访问本计算机中的 FTP 资源。单击"控制面板"→"防火墙"命令，在打开的对话框中，单击"允许程序通过 Windows 防火墙"选项后，勾选"允许的应用和功能"栏中的 FTP 及后面两个复选框，如图 9-7 所示。

图 9-6　"身份验证和授权信息"对话框　　　图 9-7　"允许程序通过 Windows 防火墙"窗口

3．创建上传 FTP 服务器

本操作在具有管理员（Administrator）身份的用户账号中进行。

创建上传 FTP 服务器的步骤，与创建下载 FTP 服务器的步骤类似，设置如图 9-8 所示。

（a）

（b）

（c）

图 9-8　创建上传 FTP 服务器的步骤

4．验证

（1）在 IE 中查看 FTP 下载和上传文件目录信息。

在 IE 地址栏中输入 ftp://192.168.7.100（这个地址对每台电脑是不同的），在弹出的身份认证对话框中输入用户名和密码，单击"登录"按钮即可访问 FTP 资源，如图 9-9 和图 9-10 所示。

图 9-9　查看下载　　　　　　　　　　　　　　图 9-10　查看上传

如果不使用匿名登录，登录时还需要用户输入开始建立的那个账号及密码，如图 9-11 所示（在管理员账户中，则不需要输入用户名和密码）。

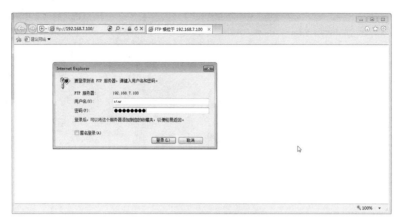

图 9-11　输入用户名和密码

注意： 登录 FTP 服务器之前，请先确保 Microsoft FTP Service 是启动的。若未启动，可右击"计算机"，单击"管理"→"服务和应用程序"→"服务"选项。找到 Microsoft FTP Service 后右键启动即可。

（2）上传一个文件（夹）。

打开"计算机"，然后在地址栏输入 ftp://192.168.7.100:2121，打开如图 9-12 所示的界面。

图 9-12　上传一个文件（夹）

直接拖动一个文件（夹）到右侧的详细信息窗口，可上传一个文件（夹）。

实验 9-2　百度网盘的使用。

百度网盘是由百度公司出品的一款个人云服务产品，不仅为用户提供免费存储空间，而且界面简洁，方便用户存储各种类型的资料，并且支持随时随地在电脑和手机上传递数据，还支持添加好友、创建群组，用户可以和小伙伴互相分享需要的资料。百度网盘作为百度易平台组成部分，还为用户提供云端通讯录、日历以及记事本等功能。

百度网盘提供 5G 的免费空间，付费后可扩充至 2T。

使用百度网盘的主要步骤如下：

（1）下载并安装百度网盘，然后申请一个用户账号并设置一个密码。

（2）在 Windows 桌面上找到百度网盘的图标，双击启动百度网盘。接下来，出现百度网盘的登录界面，如图 9-13 所示。

图 9-13　百度网盘的登录界面

（3）登录成功后，出现如图 9-14 所示的百度网盘工作主界面。

图 9-14　百度网盘工作主界面

（4）可以新建文件夹，并重命名为自己喜欢的文件名。新建一个文件夹的步骤，如图 9-15 所示。

（5）上传文件。上传文件的步骤如图 9-16 所示。

如果是在网上找到所需要的文件，在下载时可以先将该文件保存到用户的网盘中，其操作步骤如图 9-17 所示。

图 9-15　新建一个文件夹并命名

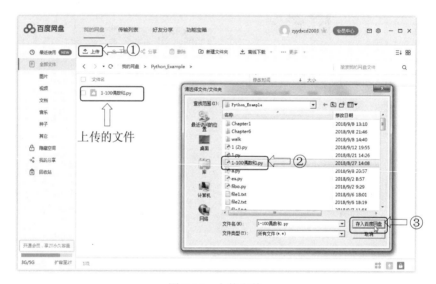

图 9-16　上传文件

图 9-17　将网络上的文件保存至网盘

（6）下载文件。从百度网盘下载文件，其步骤如图 9-18 所示。

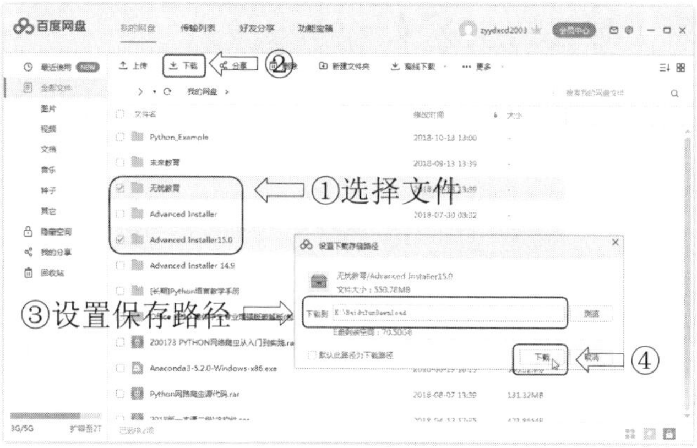

图 9-18　下载网盘中的文件

注意：

● 百度网盘的某些功能需要开通会员，但是平时使用不用注册会员也是很不错的。

● 百度非会员会限制下载速度，如果视频等过大文件建议存种子。

思考与综合练习

1．腾讯微云 3.8 网盘的使用。微云是腾讯全新推出的网盘服务，通过微云客户端可以让计算机和手机文件进行无限传输并实现同步，让手机中的照片自动传送到计算机，并可向朋友们共享，功能和苹果的 iCloud 较为类似。微云包括计算机端、手机端、Web 端，用户只要同时安装手机端和计算机端，就可实现三端信息互通。

（1）登录界面。

启动腾讯微云后，首先出现的是登录界面，如图 9-19 所示。

图 9-19　腾讯微云的登录界面

用户可使用 QQ 号、微信进行登录，如果没有 QQ 号或微信号，用户也可注册一个新账号进行登录。

（2）登录后，出现如图 9-20 所示的腾讯微云工作主界面。

图 9-20　腾讯微云工作主界面

（3）用户可在腾讯微云工作主界面中进行新建文件夹、上传文件、下载文件、和好友分分享或共享文件等操作。

2．用 Serv-U 搭建 FTP 服务器。

FTP（File Transfer Protocol，文件传输协议）是专门用来传输文件的协议，而 FTP 服务器则是在互联网上提供存储空间的计算机，它们依照 FTP 协议提供服务。当它们运行时，用户就可以连接到服务器上下载文件，也可以将自己的文件上传到 FTP 服务器中。因此，FTP 的存在大大方便了网络用户之间远程交换文件资料的需要，充分体现了互联网资源共享的精神。

FTP 搭建工具 Serv-U，是一种被广泛运用的 FTP 服务器端软件，支持全 Windows 系列。可以设定多个 FTP 服务器、限定登录用户的权限、登录主目录及空间大小等，功能非常完备。它具有十分完备的安全特性，支持 SSl FTP 传输，支持在多个 Serv-U 和 FTP 客户端通过 SSL 加密连接保护用户的数据安全等。

Serv-U 软件的最新版是中文 Serv-U15（简称 Serv-U）。使用该软件搭建 FTP 服务器（站点），其主要步骤如下：

第一步：定义一个新域名。

（1）Serv-U 第一次启动后，将出现如图 9-21 所示的"Serv-U"对话框，系统提示用户创建新域。

（2）单击"是"按钮，出现如图 9-22 所示的"域向导-步骤 1 总步骤 4"对话框。

（3）输入要创建的域的名称，如ftp.python.com，并勾选"启用域"复选框。然后，单击"下一步"按钮，系统出现单击"是"按钮，出现如图 9-23 所示的"域向导-步骤 2 总步骤 4"对话框。

（4）单击"下一步"按钮后，会出现端口配置对话框，例如只选择 FTP21 端口，如果用户有其他需要也可以选择其他端口，如图 9-23 所示。

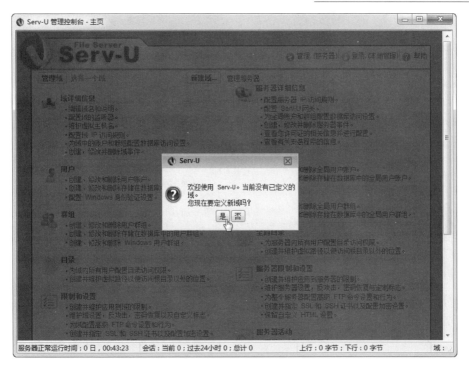

图 9-21　"Serv-U"对话框

图 9-22　"域向导-步骤 1 总步骤 4"对话框

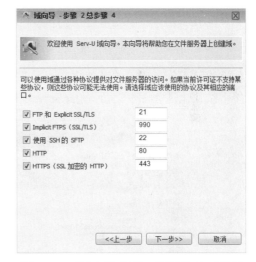

图 9-23　"域向导-步骤 2 总步骤 4"对话框

（5）单击"下一步"按钮，出现如图 9-24 所示的"域向导-步骤 3 总步骤 4"对话框。

IPv4 地址和 IPv6 地址不用单独设置，除非需要指定服务器 IP 地址，单击"下一步"按钮，出现如图 9-25 所示的"域向导-步骤 4 总步骤 4"对话框。

（6）在该对话框中，进入服务器安全设置，默认使用服务器设置密码加密模式，即单向加密，比较安全。如果允许用户自己修改和恢复密码，勾选"允许用户恢复密码"，设置好后，单击"完成"按钮，出现如图 9-26 所示的对话框。在该界面中，软件会提示用户没有配置 SMTP 电子邮件发送服务，直接单击"确定"按钮忽略即可。

 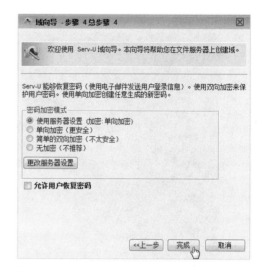

图 9-24 "域向导-步骤 3 总步骤 4"对话框   图 9-25 "域向导-步骤 4 总步骤 4"对话框

（7）单击"确定"按钮，出现在域中创建用户对话框，如图 9-27 所示。

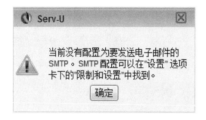 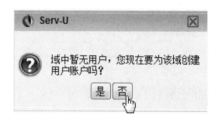

图 9-26 提示对话框   图 9-27 创建用户提示信息

如果想马上创建用户的话就单击"是"按钮。这里单击"否"，以后进行后期创建。
接下来，出现如图 9-28 所示的 Serv-U 的管理界面。

图 9-28 Serv-U 管理界面

第二步：创建一个 FTP 用户。

新建域中没有用户，这时需要创建用户。用户是客户端登录 FTP 服务器使用的账号。

（1）单击"用户"项目下的"创建、修改和删除用户账户"命令，系统出现如图 9-29 所示的界面。

图 9-29　创建、修改和删除用户账户窗口

（2）单击"域用户"选项卡，出现如图 9-30 所示的"用户属性"对话框。在"用户信息"选项卡中根据提示输入要创建的账户相应的信息。

图 9-30　"用户属性"对话框

在图 9-30 界面中，创建一个用户，信息如下：

登录 ID：201840301009；密码：123456789。

密码的产生也可单击"密码"框右侧的密码"生成"按钮，例如单击该按钮自动生成一个密码：t4x5821F。

勾选"启用账户""锁定用户至根目录"（也可不勾选）和"总是允许登录"复选框，一般不勾选"用户必须在下一次登录时更改密码"复选框。

注： 如果选中"锁定用户至根目录"后，则此目录的权限决定了根目录下所有目录的权限。如果根目录下有不同的目录，不同的目录有不同的权限的话，请勿选中"锁定用户至根目录"。

（3）单击图 9-30 中的"根目录"框右侧的"打开"按钮 ，出现如图 9-31 所示的"浏览"对话框，可选择根目录。

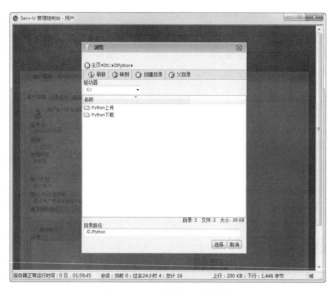

图 9-31　"浏览"对话框

（4）单击图 9-30 界面中的"目录访问"选项卡，如图 9-32 所示。在此界面中可以进行账户的访问权限设置。

图 9-32　"目录访问"选项卡

（5）单击图 9-32 左下角的"添加"按钮进行账户的访问权限设置，分别添加上传和下载的目录，且设置好访问权限。

（6）单击"添加"按钮，打开如图 9-33 所示的"目录访问规则"对话框。

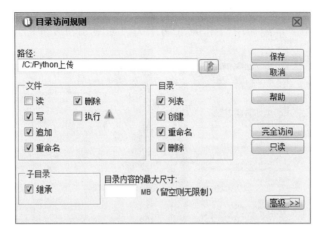

图 9-33　"目录访问规则"对话框

（7）选中"路径"中"C:/Python 上传"，单击"完全访问"按钮后再单击"保存"按钮。

同样地，单击"添加"按钮，选中"路径"中的"C:/Python 下载"。单击"只读"按钮后单击"保存"按钮。

（8）回到图 9-32 所示的"目录访问"界面，单击"保存"按钮。至此上传和下载目录权限部署完毕。

注意：如果不了解这些权限的意义的话就按以下的设置：如果只想让用户下载不写入，就选择"只读"，如果允许上传文件，就选"完全访问"。千万不选择"执行"权限。

到此用户已经建立好了，如图 9-34 所示。

图 9-34　创建好的用户

第三步：Serv-U 中文名乱码问题的解决方法。

Serv-U 版本升级以后，文件名为中文的时候会出现乱码等一系列上传下载的问题，主要是由编码引起的。

（1）如图 9-35 所示，在 Serv-U 管理界面中，单击"限制和设置"→"为域配置高级 FTP 命令设置和行为"命令，系统弹出如图 9-36 所示为"域限制和设置"窗口

图 9-35　Serv-U 管理界面　　　　　　　　　图 9-36　"域限制和设置"窗口

（3）第一次使用时，单击"用户定制设置"按钮，出现如图 9-37 所示的界面。

（4）在 FTP 设置中找到 OPTS UTF8 命令，右击并执行"禁用命令"命令。

（5）单击图 9-37 所示界面中左下角的"全局属性"按钮，出现如图 9-38 所示的"FTP 命令属性"对话框。

图 9-37　"FTP 设置"界面　　　　　　　　　图 9-38　"FTP 命令属性"对话框

（6）在"FTP 命令属性"对话框中，单击"高级选项"选项卡，取消选中"对所有已收发的路径和文件名使用 UTF-8 编码"复选框。

至此，在上传或下载中文文件时，就不会出现乱码问题。

第四步：FTP 资源访问方法。

方法 1：使用浏览器访问 FTP 服务器。

（1）启动浏览器，在浏览器地址栏输入 ftp://ftp.python.com 或 ftp://192.168.7.100 后按回车键，出现如图 9-39 所示的登录对话框。

图 9-39　登录对话框

（2）输入用户名和密码后，单击"登录"按钮，出现如图 9-40 所示的登录成功后的界面。

图 9-40　登录成功后的窗口

方法 2：使用 Windows 资源管理器上传或下载 FTP 资源。

（1）如果要上传一个文件，可在 Windows 资源管理器（双击 Windows 7 桌面上的"计算机"图标）中的地址栏输入 ftp://192.168.7.100，并按回车键，出现如图 9-41 所示的界面。

图 9-41　Windows 资源管理器中登录对话框和登录后的结果窗口

（2）用户可在 Windows 资源管理器界面中通过鼠标的拖动或"复制"或"粘贴"命令，非常方便地下载或上传一个文件。

3．在不同网段中访问 Serv-U 搭建的 FTP 服务器。

操作方法如下：

（1）在浏览器客户端计算机中，单击或右击任务栏右侧网络图标，弹出如图 9-42 所示的快捷菜单。

（2）单击"打开网络和共享中心"命令项，弹出如图 9-43 所示的"网络和共享中心"窗口。

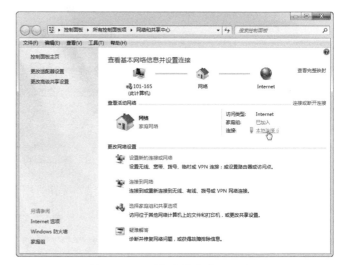

图 9-42　"网络"图标的快捷菜单　　　　　图 9-43　"网络和共享中心"窗口

（3）单击"本地连接 6"链接处，打开如图 9-44 所示的"本地连接 6 状态"对话框。

（4）单击左下角处的"属性"按钮，打开如图 9-45 所示的"本地连接 6 属性"对话框。

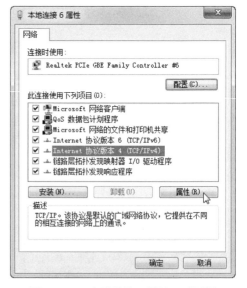

图 9-44　"本地连接 6 状态"对话框　　　　　图 9-45　"本地连接 6 属性"对话框

（5）在"此连接使用下列项目"列表中，单击选择"Internet 协议版本 4（TCP/IPv4）"并单击"属性"按钮（或直接双击"Internet 协议版本 4（TCP/IPv4）"项），打开如图 9-46 所示的"Internet 协议版本 4（TCP/IPv4）属性"对话框。

（6）单击右下角的"高级"按钮，打开"高级 TCP/IP 设置"对话框，如图 9-47 所示。

图 9-46　"Internet 协议版本 4(TCP/IPv4)属性"对话框

图 9-47　"高级 TCP/IP 设置"对话框

（7）在"IP 设置"选项卡中，单击"添加"按钮，打开如图 9-48 所示的"TCP/IP 网关地址"对话框。

图 9-48　"TCP/IP 网关地址"对话框

在此对话框中，添加要浏览的 FTP 服务器（另一个网段）所配置 IP 地址。这样就可在局域网其他网段的计算机中查看 FTP 信息了。

提示：利用本题介绍的方法，也可以使用一台计算机访问另一台不同网段计算机的共享文件。

4. 利用 FlashFXP 软件访问 Serv-U 搭建的 FTP 服务器。

FlashFXP 是一款功能强大的 FXP/FTP 软件，集成了其他优秀的 FTP 软件的优点，支持多目录选择文件，暂存目录；支持目录（和子目录）的文件传输、删除；支持上传、下载以及第三方文件续传；可以跳过指定的文件类型，只传送需要的文件；可自定义不同文件类型的显示颜色；暂存远程目录列表，支持 FTP 代理及 Socks 3&4；有避免闲置断线功能，防止被 FTP 平台踢出；可显示或隐藏具有"隐藏"属性的文档和目录；支持每个平台使用被动模式等。

目前，FlashFXP 软件的最新版是 FlashFXP 5.4。

FlashFXP 软件安装后，双击桌面图标 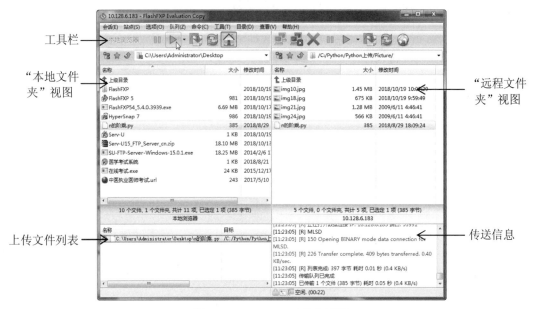，打开 FlashFXP 工作主界面，如图 9-49 所示。

图 9-49　FlashFXP 工作主界面

（1）连接 FTP 服务器。

1）执行"会话"菜单中的"快速连接"命令，打开如图 9-50 所示的"快速连接"对话框。

图 9-50　"快速连接"对话框

2）输入用 Serv-U 建立的 FTP 服务器所在计算机地址和密码，单击"连接"按钮，打开如图 9-51 所示界面。

（2）下载文件。

在如图 9-51 所示界面的右上角"远程文件夹"视图窗口中，找到要下载文件所在的文件夹，如果要下载全部文件，可直接拖动此文件夹到左侧"本地文件夹"视图中的某个文件夹中即可下载。如果要下载该文件夹中的一个或多个文件，双击打开该文件夹，从中选择一个或多下文件，再拖到左侧"本地文件夹"视图中的某个文件夹中即可下载。

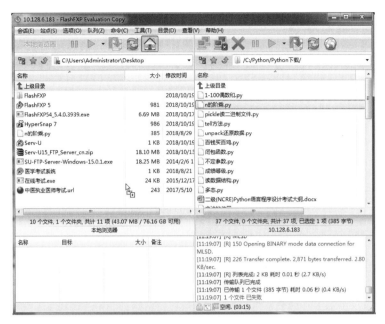

图 9-51　下载文件界面

（3）上传文件。

如图 9-52 所示，在右上角"远程文件夹"视图窗口中，找到要上传文件所在文件夹。然后，在左侧"本地文件夹"视图中的某个文件中，找到要上传的一个或多个文件（夹），将选定后的文件（夹）拖至左下角的"上传文件列表"窗格，然后单击"工具栏"中的"传输队列"按钮▶，可上传文件（夹）。

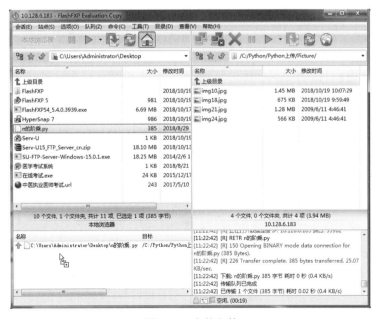

图 9-52　上传文件

注：要上传一个文件或文件（夹）可使用如下两种方法。

（1）在"本地文件夹"视图中，选定要上传的一个或多个文件（夹），右击，执行弹出菜单的"传输选定的项"命令。

（2）在左下角"上传文件列表"窗格中，选定一个或多个要传输的文件，右击并执行"传输队列"命令。

第 5 章 Access 数据库技术基础

实验十 Access 数据库技术基础

实验目的

（1）了解 Access 数据库窗口的基本组成。

（2）学会如何创建数据库文件以及熟练掌握数据表的建立方法。

（3）掌握数据表属性的设置。

（4）掌握记录的编辑、排序、筛选、索引和表间关系的建立。

（5）掌握 SQL 的使用方法。

（6）掌握 Access 数据库与外部文件交换数据的两种方法——数据的导入与导出。

实验内容与操作步骤

实验 10-1 利用 Access 2010 中文版创建一个空数据库"学生管理系统.accdb"。

操作方法及步骤如下：

（1）启动 Access 2010 中文版，初始界面如图 10-1 所示。在此窗口中，可以新建（默认）或打开一个数据库，本例创建的是一个空数据库。

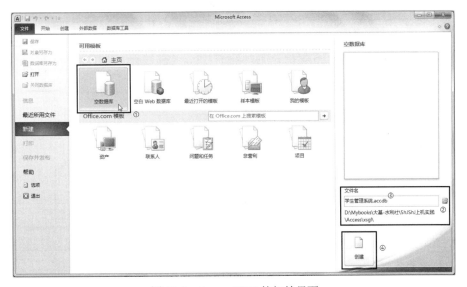

图 10-1 Access 2010 的初始界面

（2）单击"空数据库"图标，然后单击"文件"选项卡右下角的"浏览到某个位置来存放数据库"按钮，弹出"文件新建数据库"对话框，选择要存放数据库的文件夹。

（3）在"文件名"处输入要创建的数据库名称"学生管理系统"，然后单击"创建"按钮即可创建一空数据库，如图 10-2 所示。

图 10-2   "学生管理系统"数据库窗口

数据库新建完成后，新建的数据库文件名为"学生管理系统.accdb"，其中.accdb 是 Access 数据库文件的默认扩展名。

实验 10-2   在已建数据库"学生管理系统.accdb"中，分别建立三张数据表："学生""成绩"和"专业"。其中数据表"学生""成绩"和"专业"的结构见表 10-1、表 10-2 和表 10-3。

表 10-1   "学生"表的数据结构

字段	数据类型	宽度	主键或索引
学号	文本	8	是
姓名	文本	4	
性别	文本	1	
民族	文本	5	
出生日期	日期/时间	短日期 输入掩码：9999-99-99	
籍贯	文本	3	
电话	文本	11	
QQ 号码	文本	10	
政治面貌	文本	2 查阅属性如下： 显示控件：组合框 行来源类型：值列表 行来源：群众，团员，党员	

续表

字段	数据类型	宽度	主键或索引
专业号	文本	2	有（有重复）
入学总分	数字	整型 小数位：自动 输入掩码：999	
备注	备注		
照片	OLE 对象		

表 10-2　"成绩"表的数据结构

字段	数据类型	宽度	主键或索引
学号	文本	8	是
高等数学	数字	单精度，小数位 1 位，输入掩码 999.9	
大学英语	数字	单精度，小数位 1 位，输入掩码 999.9	
计算机基础	数字	单精度，小数位 1 位，输入掩码 999.9	

表 10-3　"专业"表的数据结构

字段	数据类型	宽度	主键或索引
专业号	文本	2	是
专业名称	文本	10	

操作方法及步骤如下：

（1）打开 Access 数据库。启动 Access，在出现的如图 10-1 所示的界面中单击"文件"菜单，执行"打开"命令 📂打开 。在打开的"打开"对话框中找到需要打开的 Access 数据库"学生管理系统.accdb"。

（2）在"学生管理系统.accdb"数据库窗口中，单击"导航窗格"中的"导航窗格开关"按钮 ⊙，在弹出的命令列表框中，选择"表"选项。这时，导航窗格中列出所有已存在的表。

（3）打开"创建"选项卡，单击"表格"组的"表"按钮 ⊞，这时将创建名为"表 1"的新表，并以数据表视图方式打开，如图 10-2 所示，同时显示"表格工具"选项卡及功能区。

（4）单击"视图"组中的"视图"按钮 ，执行其列表框中的"设计视图"命令（或单击 Access 状态栏右侧的"设计视图"按钮 ），弹出"另存为"对话框，如图 10-3 所示。

图 10-3　"另存为"对话框

（5）在"表名称"文本框处，输入表的名称，如"学生"。单击"确定"按钮，打开如图10-4所示的"学生"表设计窗口，依照表10-1、表10-2和表10-3所示的各表结构，建立各张表的数据结构。

图10-4　"学生"表设计窗口

数据结构建立后关闭"表设计"窗口，在Access导航窗格"表"组中出现已创建的各表格对象，如图10-5所示。

图10-5　导航窗口中显示已创建的三张表格

（6）在导航窗格中，分别双击数据表的名称，打开"数据表视图"窗口，录入图10-6、图10-7和图10-8所示的数据，数据录入后，按下Ctrl+W组合键（或单击编辑窗口右上角的"关闭"按钮 ），数据存盘退出。

学号	姓名	性别	民族	出生日期	籍贯	电话	QQ号码	政治面貌	专业号	入学总分	备注	照片
s1201001	邹鑫	男	汉族	1995-10-23	北京	13618000123	5823308001	01		520		Bitmap Image
s1201002	陈秋	女	汉族	1994-11-07	吉林	13618000124	5823308002	群众	01	506		
s1201003	王瑞	男	汉族	1995-08-12	上海	13618000125	5823308003	团员	02	518		
s1201004	刘雨	女	白族	1996-01-02	云南	13618000126	5823308004	团员	02	585		Bitmap Image
s1201005	刘杨	男	汉族	1995-07-24	重庆	13618000127	5823308005	团员	03	550		
s1201006	吴心	女	回族	1995-05-12	宁夏	13618000128	5823308006	党员	03	538		
s1201007	杨海	男	蒙古族	1994-12-12	四川	13618000129	5823308007	群众	04	564		
s1201008	高进	男	壮族	1994-03-18	广西	13618000130	5823308008	群众	04	547		
s1201009	金玲	女	壮族	1993-03-20	广西	13618000131	5823308009	群众	05	585		
s1201010	李欢	女	汉族	1995-09-30	云南	13618000131	5823308009	团员	05	521		
s1201011	张元	男	维吾尔族	1995-02-15	新疆	13618000132	5823308010	党员	05	606		
s1201012	吴钢	男	白族	1996-01-30	广西	13618000134	5823308012	团员	01	568		

记录：第1项(共12项)　无筛选器　搜索

图10-6　"学生"表

图 10-7 "成绩"表

图 10-8 "专业"表

实验 10-3 在"学生管理系统"数据库中，使用 SQL 命令完成以下查询。

（1）从"学生"表中查询学生的所有信息。

（2）从"学生"表中查询入学总分大于等于 550 分的学生的信息，输出学号、姓名、性别和入学总分 4 个字段的内容。

（3）从"学生"表中查询专业号为"02"或"04"且入学总分小于 550 分的记录。

（4）从"学生"表中查询入学总分在 530 至 580 分之间的记录。

（5）从"学生"表中查询专业号为"03"或"05"且入学总分大于等于 550 分的记录。

（6）从"学生"表中查询并输出所有年龄 18 岁以上的记录。

（7）从"成绩"表中查询并输出 3 门功课中至少有 1 门不及格的记录。

（8）从"学生"和"成绩"表中查询并输出"高等数学"成绩为 80 分以上的记录，按专业分组。

（9）从"学生"表中查询入学总分最高的前 5 名的学生记录，按分数从高到低进行排序，同时指定部分表中的字段在查询结果中的显示标题。

（10）计算学生"刘雨"所修课程的平均成绩。

操作方法及步骤如下：

（1）启动 Access 2010 中文版，并打开"学生管理系统.accdb"数据库。

（2）在打开的"创建"选项卡"查询"组中，单击"查询设计"按钮，并关闭出现的"显示表"对话框，建立一个空查询，如图 10-9 所示。

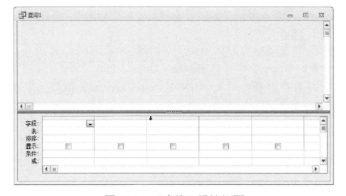

图 10-9 "查询"设计视图

（3）在查询"设计视图"窗口上方的空白处右击，在弹出的快捷菜单中选择"SQL 视图"命令，将查询"设计视图"窗口切换到"SQL 视图"窗口，如图 10-10 所示。

图 10-10　"SQL 视图"窗口

（4）在"SQL 视图"窗口中输入下面的 SQL 命令：

Select 学号,姓名,性别,出生日期,专业号,政治面貌 From 学生 Where 政治面貌 ="党员";

（5）单击"运行"命令按钮 ，出现如图 10-11 所示的查询结果。

图 10-11　"运行"结果

（6）最后，单击"数据表视图"窗口右上方的"关闭"按钮 ，关闭窗口。在关闭"数据表视图"窗口时，系统将提示用户是否保存查询，用户可做出相应的选择操作。

同样地，在 SQL 视图分别输入下面的 SQL 命令，可完成其他的查询操作。

（1）从"学生"表中查询学生的所有信息。

Select * From 学生

（2）从"学生"表中查询入学总分大于等于 550 分的学生的信息，输出学号、姓名、性别和入学总分 4 个字段的内容。

Select 学号,姓名,性别,入学总分 From 学生 Where 入学总分>=550;

（3）从"学生"表中查询专业号为"02"或"04"且入学总分小于 550 分的记录。

Select 学号,姓名,性别,出生日期,入学总分 From 学生 Where　(专业号="02" Or 专业号="04") And 入学总分<550;

（4）从"学生"表中查询入学总分在 530 至 580 分之间的记录。

Select * From 学生 Where 入学总分 Between 530 And 580;

（5）从"学生"表中查询专业号为"03"或"05"且入学总分大于等于 550 分的记录。

Select * From 学生 Where 专业号 In("02" , "05") And 入学总分>=550;

（6）从"学生"表中查询并输出所有年龄为 18 岁以上的记录。

Select 学号,姓名,性别,Year(Date())-Year(出生日期) As 年龄
From 学生
Where Year(Date())-Year(出生日期)>=18;

（7）从"成绩"表中查询并输出 3 门功课中至少有 1 门不及格的记录。

> Select 学号,成绩.高等数学, 成绩.大学英语, 成绩.计算机基础
>
> From 成绩
>
> Where 高等数学<60 Or 大学英语<60 Or 计算机基础<60;

（8）从"学生"和"成绩"表中查询并输出"高等数学"成绩为 80 分以上的记录，并按专业分组。

> Select Count(*) As 各专业高数在 80 以上的人数
>
> From 学生 Inner Join 成绩 On 学生.学号=成绩.学号
>
> Where 高等数学 Between 80 And 100 Group By 学生.专业号;

（9）从"学生"表中查询入学总分最高的前 5 名的学生记录，按分数从高到低进行排序，同时指定部分表中的字段在查询结果中的显示标题。

> Select Top 5 学号 As 学生的学号, 姓名 As 学生的名字, 性别, 入学总分 From 学生 Order By 入学总分 Desc;

（10）计算学生"刘雨"所修课程的平均成绩。

> SELECT (大学英语+高等数学+计算机基础)/3 as 平均分 FROM 成绩 where 学号=(select 学号 from 学生 where 姓名="刘雨");

实验 10-4　将电子表格文件"通讯.xls"中的数据，导入到"学生管理系统.accdb"数据库中。

操作方法及步骤如下：

（1）启动 Access 2010 中文版，打开"学生管理系统.accdb"数据库。

（2）打开"外部数据"选项卡，单击"导入并链接"组中的"Excel"按钮，如图 10-12 所示 Access 系统弹出"获取外部数据-Excel 电子表格"对话框，如图 10-13 所示。

图 10-12　"外部数据"选项卡　　　　图 10-13　"获取外部数据-Excel 电子表格"对话框

（3）单击"浏览"按钮，在弹出的"打开"对话框中，选取要导入的 Excel 文件，本例选择"通讯.xlsx"。在"指定数据在当前数据库中的存储方式和存储位置"栏中选择数据源导入存放的方式，本例选择"将源数据导入当前数据库的新表中"。单击"确定"按钮。系统弹出"导入数据表向导"对话框（一），如图 10-14 所示。

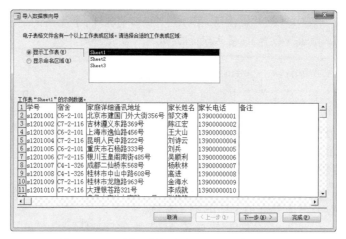

图 10-14　"导入数据表向导"对话框（一）

（4）该对话框中的上半部罗列了所选工作簿中所有的表名，下半部是对应表中的数据。选中所需要的表，本例为"Sheet1"。单击"下一步"按钮，弹出"导入数据表向导"对话框（二），如图 10-15 所示。

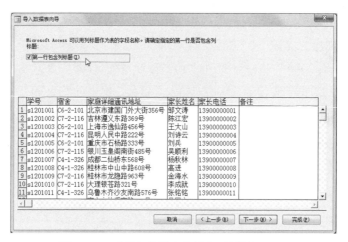

图 10-15　"导入数据表向导"对话框（二）

（5）在"导入数据表向导"对话框（二）中，勾选"第一行包含列标题"复选框（即将 Excel 电子表格中的第一行文字标题，作为 Access 表的字段名）。单击"下一步"按钮，弹出"导入数据表向导"对话框（三），如图 10-16 所示。

（6）在"导入数据表向导"对话框（三）中，单击对话框下半部的字段信息列表框中的一个字段名，选择一个字段。然后，在"字段选项"区域内对字段信息进行修改，为指定的字段设置一定的属性。如果不需要导入该字段，则勾选"不导入字段（跳过）"复选框，如果需要导入全部字段，直接单击"下一步"按钮，系统弹出"导入数据表向导"对话框（四），如图 10-17 所示。

（7）在"导入数据表向导"对话框（四）中，可以定义主键。单击"我自己选择主键"右侧的字段列表框按钮▼，选择某一字段名来指定主键。单击"下一步"按钮，系统弹出"导入数据表向导"对话框（五），如图 10-18 所示。

图 10-16　"导入数据表向导"对话框（三）

图 10-17　"导入数据表向导"对话框（四）

图 10-18　"导入数据表向导"对话框（五）

（8）在该对话框中，为导入后的表命名，本例为"通讯"，单击"完成"按钮，数据导入完成。

实验 10-5 将"学生管理系统.accdb"数据库中的"学生"表数据转换成一个文本文件。

操作方法及步骤如下：

（1）启动 Access 2010 中文版，打开"学生管理系统.accdb"数据库。

（2）在"导航窗格"中，列出"表"中的对象，选中"学生"表。

（3）打开"外部数据"选项卡，单击"导出"组中的"文本文件"按钮，Access 系统弹出"导出-文本文件"对话框，如图 10-19 所示。

图 10-19　"导出-文本文件"对话框

（4）在此对话框中，单击"浏览"按钮。在打开"保存文件"对话框中，指定文件名（本例为"学生"）和保存位置，单击"保存"按钮，回到本对话框。单击"确定"按钮，系统弹出"导出文本向导"对话框（一），如图 10-20 所示。

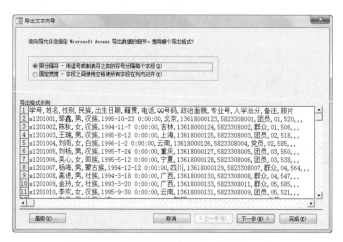

图 10-20　"导出文本向导"对话框（一）

（5）在"导出文本向导"对话框（一）中，向导提示导出的数据是否在文本文件中带有分隔符，本例选择"带分隔符-用逗号或制表符之类的符号分隔每个字段"单选框。单击"下一步"按钮，系统弹出"导出文本向导"对话框（二），如图 10-21 所示。

图 10-21　"导出文本向导"对话框（二）

（6）在"导出文本向导"对话框（二）中，向导提示导出的字段是否在文本文件中带有分隔符，本例选择"逗号"单选框。勾选"第一行包含字段名称"复选框，选择"文本识别符"为"无"。

如果在"导出文本向导"对话框（一）或（二）中，单击"高级"按钮，系统会打开如图 10-22 所示的"学生 导出规格"对话框，用户可对导出的文本格式做进一步的设置。

图 10-22　"学生 导出规格"对话框

单击"下一步"按钮，系统弹出"导出文本向导"对话框（三），如图 10-23 所示。

图 10-23　"导出文本向导"对话框（三）

（7）在"导出文本向导"对话框（三）中，向导提示确定导出的文本文件名，用户可输入一个正确的文件名（可包含文件的完整路径，如 D:\AccessSamlpes\xsgl\学生.txt）。单击"完成"按钮，完成数据的导出。

（8）在磁盘上指定的保存位置中，找到已转换的文本文件，双击它可以在记事本中打开。

思考与综合练习

1．分别将"学生""成绩"和"专业"三张表的数据导出为 Excel 表。

2．以 Northwind.accdb 数据库中的各表为数据源，完成以下各题的操作。

①创建一个空的"商品订单管理系统.accdb"数据库。然后，将 Northwind.accdb 中的各表导入到该数据库中，数据库中的表如图 10-24 所示。

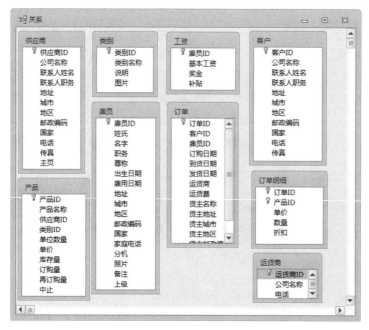

图 10-24　"商品订单管理系统"数据库中的数据表

②将"订单"表导出为"订单.xlsx"并存放在当前文件夹中。

③利用"订单"表创建一个 SQL 查询，查询订单为"11056"的数据，如图 10-25 所示。

图 10-25　查询结果

提示：设计 SQL 的方法是，在打开的"创建"选项卡中，单击"查询"组中的"查询设计"按钮。在弹出的查询设计窗口的"显示表"对话框中，双击将"订单"添加到查询设计器的上端表列表区中，如图 10-26 所示。接下来用户可根据需要设计查询参数。

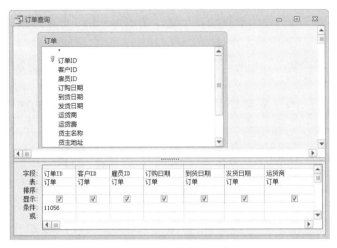

图 10-26　"订单查询"窗口

3. 接上题，在"商品订单管理系统.accdb"数据库中，创建"工资"表。"工资"表的结构见表 10-4，部分数据如图 10-26 所示。

表 10-4　"工资"表的数据结构

字段名称	字段类型	字段大小	是否主键
雇员 ID	自动编号		
基本工资	货币		
奖金	货币		
补贴	货币		

图 10-27　"工资"表的部分数据

4. 接上题，以"产品""客户""订单"和"订单明细"为数据源，创建"订单查询"，结果显示订单 ID、公司名称、产品名称、数量和价格字段，其中：价格=订单明细.单价*订单明细.折扣。

查询结果如图 10-28 所示。

5. 接上题，以"产品"表为数据源，创建更新查询"调价"，实现将产品 ID=2 的产品价格下调 10%。

6. 接上题，以"产品"表为数据源，创建一个删除查询"删除产品"，实现将"库存量"为 0 的产品删除。

7. 接上题，以"产品""订单"和"订单明细"表为数据源，创建"产品利润"查询，统计每种产品的利润。结果显示"产品名称"和"利润"，如图 10-29 所示。利润的计算公式：利润=Sum(订单明细.数量*(订单明细.单价*订单明细.折扣－产品.单价))

图 10-28 "订单查询"结果
图 10-29 "产品利润"查询结果

8. 接上题，以"工资"和"雇员"表为数据源，创建一个"工资发放"查询，结果如图 10-30 所示。生成的字段为雇员 ID、姓氏、名字、基本工资、奖金、补贴、税前和税后。其中税前和税后的计算公式如下：

税前=基本工资+奖金+补贴

税后=(基本工资+奖金+补贴)*0.95。

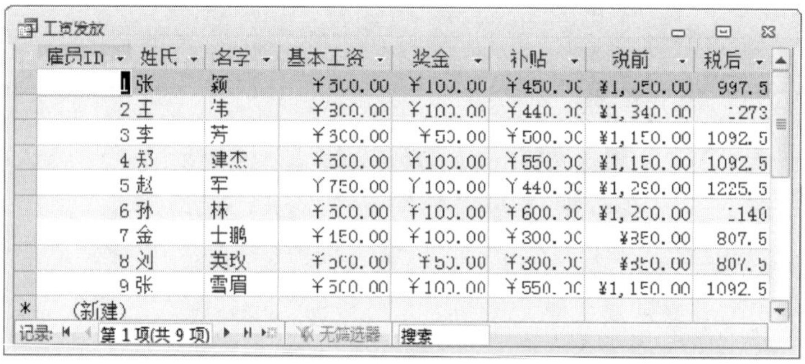

图 10-30 "产品利润"查询结果

9. 接上题，以"客户""订单"和"订单明细"表为数据源，创建查询"客户交易额"，统计每个客户的交易额。结果显示公司名称和交易额字段。

交易额=SUM(订单明细.单价*订单明细.数量*订单明细.折扣)

第6章　Python程序设计基础

实验十一　Python语言环境的使用

实验目的

（1）理解语言与编译环境的不同。

（2）掌握一种Python语言环境的安装方式。

（3）了解Python语言的使用方式。

（4）会编写基本的输入、输出和四则运算程序。

实验内容与操作步骤

实验11-1　分别在命令行方式、图形界面方式和Windows命令提示符方式编写一个简单的Python程序。要求分别输入两个数，如x=15，y=60，分别计算出这两数相加、相减、相乘和相除的值。

分析：Pyton安装完毕后，有4种使用方式：命令行方式（Command Line）、集成开发环境（IDLE）、IDLE内置文本编辑器和Windows的命令行方式。

1. 命令行方式（Command Line）

（1）使用命令行方式。单击"开始"→"所有程序"→"Python 3.5"→"Python 3.5（32-bit）"命令，打开如图11-1所示命令窗口。

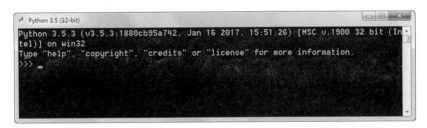

图11-1　Python命令窗口

（2）在该窗口中，用户可在"＞＞＞"提示符下直接输入以下命令语句序列：

```
>>> a=15
>>> b=60
>>> print("a+b=",a+b)
```

注意：上面每一条命令输入完毕后，一定按下回车键。

当最后一条命令输入完按下回车键后，Python提示符"＞＞＞"显示：a+b= 75。接着在"＞＞＞"提示符下输入以下命令：

```
>>>print("a-b=%d\na×b=%d\na÷b=%f"%(a-b,a*b,a/b))
```

命令执行后，其命令序列的执行结果，如图 11-2 所示。

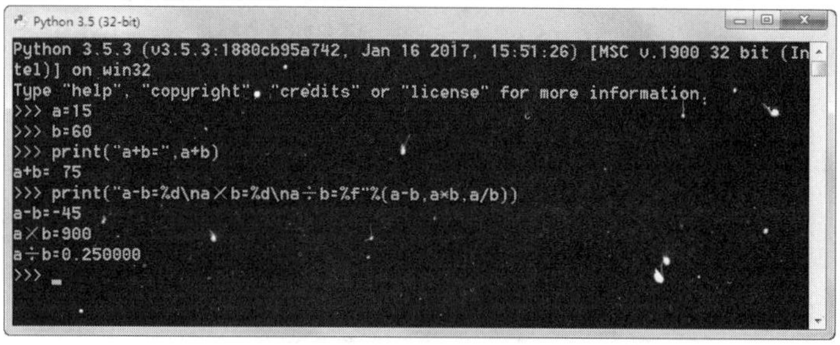

图 11-2　命令行方式下的输入语句和执行结果

试一试：在命令提示符下输入以下语句并观察命令序列的执行结果，同时思考：语句序列执行后，其表示的程序功能是什么？

>>> import os
>>> os.system('cls')

或输入以下语句：

>>> import os
>>> i = os.system('cls')

2．集成开发环境（IDLE）

（1）使用命令行方式。单击"开始"→"所有程序"→"Python 3.5"→"IDLE (Python 3.5 32-bit)"命令，打开集成开发环境（IDLE）窗口，如图 11-3 所示。

图 11-3　Python 集成开发环境窗口

（2）Python 集成开发环境窗口与命令行方式相同，只不过，它提供了一系列菜单，还可以完成调试、编辑源文件等功能。

在">>>"提示符下输入 Python 语句，按回车键即可执行该语句，例如：

>>> print("Hello World!")
Hello World!
>>>

其中第 1 行的>>>是提示符，print("Hello World!")是输入的语句，第 2 行是执行结果。第 3 行是提示符，等待输入其他语句，如图 11-4 所示。

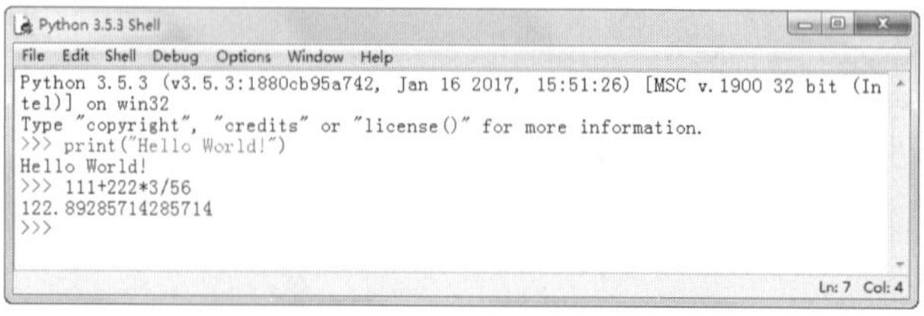

图 11-4　输入语句和执行的结果

又如，输入 111+222*3/56，结果是：122.89285714285714。

按 Ctrl+Q 组合键或使用 File→Exit 菜单命令退出交互方式。

思考题：执行以下命令序列，并观察 d:\1111.txt 文件内容。

```
a=15
b=60
f=open("d:\\1111.txt","w+")
print("---x 和 y 两数的加、减、乘、除后值如下---")

print("a+b=",a+b)
print("a-b=%d\na×b=%d\na÷b=%.2f"%(a-b,a*b,a/b))
print("a-b=%d\na×b=%d\na÷b=%.2f"%(a-b,a*b,a/b),file=f)

f.close()
```

3．IDLE 内置文本编辑器

（1）在 IDLE 界面窗口中，单击 File 菜单，执行 New File 命令，打开如图 11-5 所示的 IDLE 文本编辑器。

图 11-5　IDLE 文本编辑器

（2）单击 File 菜单，执行 Save 命令（或按下 Ctrl+S 组合键），弹出如图 11-6 所示的"另存为"对话框。

（3）在图 11-6 所示的对话框中，选择要保存的路径（文件夹），给出要保存文件的文件名（扩展名为.py），并单击"保存"按钮，Python 源程序被保存。

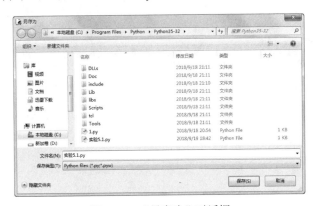

图 11-6　"另存为"对话框

（4）单击 Run 菜单，执行 Run Modeule 命令（或按下 F5 功能键），执行该程序，如图 11-7 所示。

图 11-7　运行结果

如果在执行该程序时出现错误，程序编写者可根据错误提示随时返回文本编辑器修改程序，直到程序运行结果正确为止。

4. Windows 的命令行方式

将上面保存的 Python 程序文件"实验 11.1.py"，以 Windows 的命令行方式执行，其步骤如下：

（1）在 Windows 中，单击"开始"按钮，在弹出的"开始"菜单搜索框中键入 cmd.exe 并按下回车键，进入 Windows 命令提示符方式。

（2）为了能找到并执行 Python 程序，在 Windows 命令提示符下键入如下命令：

> cd C:\Program Files\Python\Python35-32

其含义是切换并工作在 Python 安装目录中。

（3）直接键入命令：

> python 实验 11.1.py

（4）按下回车键后，执行该程序，运行结果如图 11-8 所示。

图 11-8　在 Windows 命令提示符下执行 Python 程序

实验 11-2　建立一个程序文件"实验 11.2.py"，输入下面的源代码，其功能是输出一个由 *组成的矩形。

```
#实验 11.2.py
print( '*' * 10)
for i in range(5):
    print( '*          *')
print( '*' * 10)
```

实验 11-3　建立一个程序文件"实验 11.3.py"，输入下面的源代码，其功能是画一个边长为 60 像素的正方形，并填充为红色，边框为蓝色。

```
import turtle              #导入 turtle 库
turtle.reset()
a= 60
turtle.fillcolor("red")   #填充色为红色
turtle.pencolor("blue")   #画笔为蓝色
turtle.pensize(10)        #画笔粗细
turtle.begin_fill()       #开始填充颜色
turtle.left(90)           #左转 90°
turtle.forward(a)         #画蓝色线条，长度 60 像素
turtle.left(90)           #再左转 90°
turtle.forward(a)
turtle.left(90)           #再左转 90°
turtle.forward(a)
turtle.left(90)           #再左转 90°
turtle.forward(a)
turtle.end_fill()         #结束颜色填充
```

实验 11-4　建立一个程序文件"实验 11.4.py"，输入下面的源代码，其功能是画出一个小圆和一个大圆的"8"字⬡。

```
import turtle
turtle.color('blue')
turtle.pensize(5)
turtle.circle(45)         #画半径为 45 像素的小圆
turtle.penup()
turtle.goto(0, -120)      #向下移动 120 像素
turtle.pendown()
turtle.circle(60)         #画半径为 60 像素的小圆
turtle.done()
```

思考与综合练习

1. 输入一个正整数，然后计算该数的平方根。
2. 编写程序，计算半径为 3.14 的圆的周长和面积。
3. 编写程序，在屏幕上打印以"#"为边界的矩形，宽度为 8（字符），如图 11-9 所示。

图 11-9　第 3 题

4. 输入一个年份，判断是否为闰年。

注：公历纪年法中，能被 4 整除的是闰年，不能被 100 整除而能被 400 整除的年份是闰年，能被 3200 整除的也不是闰年。如 1900 年是平年，2000 年是闰年，3200 年不是闰年。

5. 仅使用 Python 基本语法，即不使用任何模块，编写 Python 程序计算下列数学表达式

的结果并输出，小数点后保留 3 位。

$$x = \sqrt{\frac{(3^4 + 5 \times 6^7)}{8}}$$

参考代码：

```
x = pow((3**4 + 5*(6**7))/8, 0.5)
print("{:.3f}".format(x))
```

6．0x4DC0 是一个十六进制数，它对应的 Unicode 编码是中国古老的《易经》六十四卦的第一卦，请输出第 51 卦（震卦）对应的 Unicode 编码的二进制、十进制、八进制和十六进制格式。

```
print("二进制{___①___}、十进制{___②___}、八进制{___③___}、十六进制{___④___}".format
(___⑤___))
```

参考代码：

```
print("二进制{0:b}、十进制{0}、八进制{0:o}、十六进制{0:x}".format(0x4DC0+50))
```

7．编写 Python 程序输出一个具有如下风格效果的文本，用作文本进度条样式，部分代码如下：

```
N = eval(input("输入一个 0~100 的整数："))
print("_____".format(N,"="*(N//5)))
```

填写空格处的代码以完善程序（运行三次）。

程序运行结果如下：

```
10%@==
20%@====
100%@====================
```

前三个数字，右对齐；后面字符，左对齐。

提示：文本中左侧一段输出 N 的值，右侧一段根据 N 的值输出等号，中间用@分隔，等号个数为 N 与 5 的整除商的值，例如当 N 等于 10 时，输出 2 个等号。

参考代码：

```
N = eval(input("输入一个 0~100 的整数："))
print("{:>3}%@{}".format(N,"="*(N//5)))
```

8．以论语中的一句话作为字符串变量 s，补充程序代码，分别输出字符串 s 中汉字和标点符号的个数。

```
s = "学而时习之,不亦说乎?有朋自远方来,不亦乐乎?人不知而不愠,不亦君子乎?"
n = 0   # 汉字个数
m = 0   # 标点符号个数
___①___ # 在这里补充代码，可以多行
print("字符数为{}，标点符号数为{}。".format(n, m))
```

参考代码：

```
s = "学而时习之,不亦说乎?有朋自远方来,不亦乐乎?人不知而不愠,不亦君子乎?"
n = 0   #汉字个数
m = 0   #标点符号个数
m = s.count(',') + s.count('?')
n = len(s) - m
print("字符数为{}，标点符号数为{}。".format(n, m))
```

9．请补充横线处的代码，让 Python 随机选一个饮品，随机输出 listC 列表中的元素。

```
import    random
random.seed(1)
listC = ['加多宝','雪碧','可乐','勇闯天涯','椰子汁']
print(random.___①___(listC))
```

参考代码：

```
import random
random.seed(1)
listC = ['加多宝','雪碧','可乐','勇闯天涯','椰子汁']
print(random.choice(listC))
```

10．用户输入一个字符串，输出其中字母 a 的出现次数。

参考代码：

```
s = input()
print(s.count("a"))
```

11．输入一个字符串，替换其中出现的字符串"py"为"python"，输出替换后的字符串。

参考代码：

```
s = input()
print(s.replace("py","python"))
```

12．ls 是一个列表，内容如下：

```
ls = [123, "456", 789, "123", 456, "789"]
```

请补充如下代码，在数字 789 后增加一个字符串 "012"。

```
ls = [123, "456", 789, "123", 456, "789"]
___①___
print(ls)
```

参考代码：

```
ls = [123, "456", 789, "123", 456, "789"]
ls.insert(3, "012")
print(ls)
```

实验十二　分支结构的使用

实验目的

（1）学会分支语句的应用。

（2）学会从键盘输入数据的语句的使用。

实验内容与操作步骤

实验 12-1　编写程序，用户从键盘输入 x，计算分段函数的值并打印。分段函数如下：

$$f(x) = \begin{cases} x-1, & x<0 \\ 0, & x=0 \\ x+1, & x>0 \end{cases}$$

分析：这是一个条件分支结构的嵌套使用。

（1）编辑如下程序，保存为"实验 5.2.py"：

```
#计算分段函数的值
x=float(input("请输入 x="))        #输入数据，并转换化浮点数
if x>0:
    y=x+1                          #处理 x>0 的情况
else:
    if x<0:
        y=x-1
    else:
        y=0
print("f(x)=",y)                   #打印结果
```

（2）按下 Ctrl+S 组合键进行保存，程序文件名为"实验 5.2.py"。

（3）按下 F5 功能键，执行该程序，执行三次。执行时，分别输入-5、0 和 5，查看结果。

实验 12-2 输入 a、b、c 三个数，按从大到小的次序显示。

分析：本题有很多解法，在此我们使用嵌套的 If…else 分支结构进行判断排序。首先，判断第一数 a 和第二个数 b 的大小，若 a<b，则交换位置。

然后，新 b（即原来的 a 值）再和 c 进行比较，若 b>c，则得出结论 a>b>c。否则，c 和 a 进行比较，若 c>a，则 c>a>b。

若 a>b，则比较 b 和 c，若 b>c，则 a>b>c；否则，b 和 c 交换位置。然后，再比较 a 和 b，若 a>b，则 a>b>c，否则，b>a>c。

编写的程序代码如下：

```
#输入 a，b，c 三个数，按升序排列
a = int(input("输入数 a="))
b = int(input("输入数 b="))
c = int(input("输入数 c="))
if b > a:                          #先比较第一个和第二个数的大小
    t = a; a = b; b = t            #交换
    if b > c:                      #交换后，再比较第二个和第三个数
        print("{}>{}>{}".format(a,b,c))
    else:
        t = c ; c = b ; b = t      #交换第二个和第三个数
        if a > b:                  #交换后，再比较第一个和第二个数
            print("{}>{}>{}".format(a,b,c))
        else:
            print("{}>{}>{}".format(b,a,c))
else:
    if b > c:
        print("{}>{}>{}".format(a,b,c))
    else:
        t = b; b = c; c = t
        if b < a:
            print("{}>{}>{}".format(a,b,c))
        else:
            print("{}>{}>{}".format(b,a,c))
```

程序运行后，其结果如图 12-1 所示。

图 12-1　运行结果

思考： 本例有没有更为简单的解法，是什么？

思考与综合练习

1．编写程序，用户从键盘输入 x，计算分段函数的值并打印。分段函数如下：

$$f(x) = \begin{cases} x^2 & 0 \leqslant x \leqslant 1 \\ 2 - x & 1 < x \leqslant 2 \end{cases}$$

2．工资个税的计算公式：应纳税额=（工资薪金所得-"五险一金"-扣除数）×适用税率-速算扣除数。

个税起征点是 5000 元/月（工资、薪金所得适用），使用超额累进税率的计算方法如下：

缴税=全月应纳税所得额×税率-速算扣除数

实发工资=应发工资-四金-缴税

全月应纳税所得额=（应发工资-四金）-5000

如某人的工资扣除五险一金为 12000 元，他应纳个人所得税区间为 12000-5000=7000（元），应缴纳税金为：7000*10%-210=490（元）。

级数	全月应纳税所得额	税率（%）	速算扣除数
1	不超过 3000 元	3	0
2	超过 3000 元至 12000 元的部分	10	210
3	超过 12000 元至 25000 元的部分	20	1410
4	超过 25000 元至 35000 元的部分	25	2660
5	超过 35000 元至 55000 元的部分	30	4410
6	超过 55000 元至 80000 元的部分	35	7160
7	超过 80000 元的部分	45	15160

3．计算学生奖学金等级。以语文、数学、英语（外语）三门功课的成绩作为评奖依据。奖学金分为一等、二等、三等三个等级，评奖标准如下：

（1）符合下列条件之一的可获得一等奖学金：

● 3 门功课总分在 285 分以上。

● 有两门功课成绩是 100 分，且第三门功课成绩不低于 80 分。

（2）符合下列条件之一的可获得二等奖学金：

● 3 门功课总分在 270 分以上。

● 有一门功课成绩是 100 分，且其他两门功课成绩不低于 75 分。

（3）各门功课成绩不低于 70 分的可获得三等奖学金。

要求符合条件者就高不就低，只能获得较高的那一项奖学金，不能重复获得奖学金。

4．输入里程数计算应付的出租车费，并将计算结果显示出来。其中，出租车费的计算公式是：出租车行驶不超过 4 千米时一律收费 10 元；超过 4 千米时分段处理，具体处理方式为：15 千米以内每千米加收 1.2 元，15 千米以上每千米收 1.8 元。

5．s="9e10"是一个浮点数形式字符串，即包含小数点或采用科学计数法形式表示的字符串，编写程序判断 s 是否是浮点数形式字符串。如果是则输出 True，否则输出 False。

参考代码：

```
s = "9e10"
if type(eval(s)) == type(12.0):
    print("True")
else:
    print("False")
```

6．s="123"是一个整数形式字符串，编写程序判断 s 是否是整数形式字符串。如果是则输出 True，否则输出 False。要求代码不超过 2 行。

参考代码：

```
s = "123"
print("True" if type(eval(s)) == type(1) else "False")
```

7．PyInstaller 库用来对 Python 源程序进行打包。给定一个源文件 py.py，请给出将其打包成一个可执行文件的命令。

参考代码：

```
pyinstaller -F py.py
```

8．PyInstaller 库用来对 Python 源程序进行打包。给定一个源文件 py.py 和一个图标文件 py.ico，请利用这两个文件进行打包，生成一个可执行文件。

参考代码：

```
pyinstaller -I py.ico -F py.py
```

实验十三　循环的使用

实验目的

（1）熟悉掌握用 while 语句、do…while 语句和 for 语句实现循环的方法。
（2）掌握在程序设计中用循环的方法实现一些常用算法（如穷举、迭代、递推等）。
（3）学会使用调试程序。

实验内容与操作步骤

实验 13-1　计算若干个连续数的和，要求通过键盘输入起始和终止数。

分析：产生一个完成从起始数到终止数的连续数，可以使用 range()函数。

实现本例功能的程序如下：

```
#用户通过键盘输入起始和终止数，然后再求和。

startN=int(input("请输入连续求和的起始数 startN=: "))
endN=int(input("请输入连续求和的终止数 endN=: "))
```

```
#以下使用 for 循环和 range()函数求和
sum=0
for n in range(startN,endN+1):
        sum += n
print("起始数 %d 到终止数 %d 的数字之和是：%d"%(startN,endN,sum))
```

实验 13-2　有如下数字：

```
lst = [1,2,3,4,5,6,7,8,8]
```

编写代码，查看能组成多少个互不相同且不重复的数字的两位数。

分析：采用双循环，然后取出列表中的每个数字进行比较，如果数字值不相等则配对，否则再取出下一个数字进行比较配对。程序代码如下：

```
#组成不重复的数字对
lst1 = [1,2,3,4,5,6,7,8,8]
lst2 = []
lst3 = []
for i in lst1:
        for x in lst1:
                if i != x:
                        a = "%d%d" % (i,x)
                        lst2.append(a)
for y in lst2:
        if y not in lst3:
                lst3.append(y)
print(lst3)
print(len(lst3))
```

实验 13-3　列表 ls 中存储了我国 39 所 985 高校所对应的学校类型，请以这个列表为数据变量，统计输出各类型的数量。

```
ls = ["综合", "理工", "综合", "综合", "综合", "综合", "综合", "综合", "综合", "综合",\
    "师范", "理工", "综合", "理工", "综合", "综合", "综合", "综合", "综合","理工",\
    "理工", "理工", "理工","师范", "综合", "农林", "理工", "综合", "理工", "理工", \
    "理工", "综合", "理工", "综合", "综合", "理工", "农林", "民族", "军事"]
```

分析：首先声明一个空字典 d，然后取列表 ls 的一个值作为关键字 key，关键字相同的，其值增加 1，最后通过 format()打印出结果。

编写的程序代码如下：

```
ls = ["综合", "理工", "综合", "综合", "综合", "综合", "综合", "综合",\
    "综合", "综合", "师范", "理工", "综合", "理工", "综合", "综合",\
    "综合", "综合", "综合", "理工", "理工", "理工", "理工", "师范",\
    "综合", "农林", "理工", "综合", "理工", "理工", "理工", "综合",\
    "理工", "综合", "综合", "理工", "农林", "民族", "军事"]
d = {}
for key in ls:
        d[key] = d.get(key, 0) + 1
for k in d:
        print("{}:{}".format(k, d[k]))
```

程序运行结果如下：

```
军事:1
民族:1
```

理工:13
综合:20
农林:2
师范:2

实验 13-4 编写程序，其功能是产生并显示一个数列的前 n 项。数列产生的规律是数列的前 2 项是小于 10 的正整数，将此两数相乘，若乘积小于 10，则以此乘积作为数列的第 3 项；若乘积大于等于 10，则以乘积的十位数为数列的第 3 项，以乘积的个位数为数列的第 4 项。再用数列的最后 2 项相乘，用上述规则形成后面的项，直至产生第 n 项。

程序运行结果如图 13-1 所示。

图 13-1 程序运行结果

分析：输入的数值 n 是数列的项数，a 和 b 表示输入数列的前两项。定义一个变量 k，前两项已经确定，因此 k 的取值范围为 3~n，先计算前两项的积，判断是否小于 10，如果乘积小于 10，则以此乘积作为数列的第 3 项数，如果乘积大于等于 10，则以乘积的十位数为数列的第 3 项，以乘积的个位数为数列的第 4 项，再用数列的最后 2 项相乘，运用循环语句，用上述规则形成后面的项，直至产生第 n 项。在这里运用的是 while 语句，与 for 语句有所不同，要注意区分。

编写的程序代码如下：

```
a = int(input("输入数列的第一项 a="))
b = int(input("输入数列的第一项 b="))
n = int(input("输入数列的项数 n="))
ls=[]
ls.append(a)
ls.append(b)
ls[1]=b
k = 2
while k < n:
    c = a * b
    k = k + 1
    if c < 10:              #判断前两项乘积是否小于 10
        ls.append(c)        #若小于 10，则连接到 ls 末尾
        a = b               #第二项作为第一项
        b = c               #第三项作为第二项
    else:
        d = c//10           #若乘积>10，则取整
        ls.append(d)
        a = d
        k = k + 1
```

```
    if k <= n:
        #当 k>n，则数列个数已够
        d = c % 10
        ls.append(d)
        b = d        #将余数作为下次循环的后一项
print(ls)
```

思考与综合练习

1．用户从键盘输入 N，计算 1+3+5+…+N（N 为偶数时不含 N）的值并打印。

2．输出 1~200 之间的所有平方数（平方数，或称完全平方数，是指可以写成某个整数的平方的数，即其平方根为整数的数。例如 9=3×3，是一个平方数）。

3．用键盘输入一行字符，输出各个字符的编码。

4．统计输入数据的个数，找出其中的最小值和最大值。

5．打印 Fibonacci 序列前 30 个数。

6．使用 while 语句完成图 13-2 中图形的输出。

图 13-2　第 6 题图

7．现把一元以上的钞票换成一角、两角、五角的角票（每种至少一张），求每种换法各种角票的张数。

8．用下列表达式计算圆周率 π 的值。

$$\frac{\pi}{4} = 1 - \frac{1}{3} + \frac{1}{5} - \cdots + (-1)^{n-1} \times \frac{1}{2 \times (n-1) + 1} - (-1)^n \times \frac{1}{2 \times n + 1} \quad n = 0, 1, 2, 3, \cdots$$

9．编写代码，实现输入某年某月某日，判断这一天是这一年的第几天，闰年情况也考虑进去。

注：公历纪年法中，能被 4 整除的是闰年，不能被 100 整除而能被 400 整除的年份是闰年，能被 3200 整除的也不是闰年，如 1900 年是平年，2000 年是闰年，3200 年不是闰年。

参考代码：

```
print("==== please ouput in this format 'year/month/day' ====")
all_day = 0
while True:
    month = [31, 30, 31, 30, 31, 30, 31, 31, 30, 31, 30, 31]
    year = input(">>> ")
    y, m, d = year.split("/")
    y = int(y)
    m = int(m)
    d = int(d)
```

```
            if y % 400 == 0 or y % 4 == 0 and y % 100 != 0:
                month[1] = 28
                if m > 0 and m < 12:
                    if d > 0 and d < month[m-1]:
                        for i in month[0:m - 1]:
                            all_day += i
                        all_day = all_day + d
                    else:
                        print("超出范围请重试")
                else:
                    print("超出范围请重试")
                break
            else:
                if m > 0 and m < 12:
                    if d > 0 and d < month[m-1]:
                        for i in month[0:m - 1]:
                            all_day += i
                        all_day = all_day + d
                    else:
                        print("超出范围请重试")
                else:
                    print("超出范围请重试")
                break
    print("这是%s 的第%s 天"%(y,all_day))
```

10．计算用户输入的内容中有几个十进制小数和字母。

参考代码：

```
content = input(">>> ")
d = 0 ; a = 0
for i in content:
    if i.isdecimal():
        d += 1
    elif i.isalpha():
        a += 1
print("字符串个数是：%s 十进制小数是：%s"%(a,d))
```

11．输出如下数列在 1000000 以内的值，以逗号分隔。

$k(0)= 1,k(1)=2,k(n) =k(n-1)^2+k(n-2)^2$，其中，$k(n)$ 表示该数列。

参考代码：

```
a, b = 1, 2
ls = [];ls.append(str(a))
while b<1000*1000:
    a, b = b, a**2 + b**2
    ls.append(str(a))
print(",".join(ls))
```

12．编写一个程序，随机产生 20 个长度不超过 3 位的数字，让其首尾相连以字符串形式输出，随机种子为 17。要求输出格式：20 个数字首尾相连以字符串的形式输出。

参考代码：

```
import random as r
r.seed(17)
s = ""
for i in range(20):
    s += str(r.randint(0,999))
print(s)
```

13. 编写一个程序，实现从键盘输入 6 名学生的 5 门成绩，分别求出每个学生的平均成绩，并依次输出。

14. 输出 9*9 口诀。

15. 打印出所有的"水仙花数"。所谓"水仙花数"是指一个三位数，其各位数字立方和等于该数本身。例如 153 是一个"水仙花数"，因为 $153=1^3+5^3+3^3$。

16. 猴子第 1 天摘下若干桃子，当即吃掉一半，又多吃一个，第二天将剩余的部分吃掉一半还多一个。依此类推，到第 10 天只剩余 1 个。问第 1 天共摘了多少桃子。

提示：最后一天的 $D_{n+1}=1$ 个（$n+1$ 表示最后一天），倒推出前一天的个数 D_n，有如下关系：

$$D_n = \begin{cases} 1 & (n=10) \\ 2(D_{n+1}+1) & (1 \leq n < 10) \end{cases}$$

17. ls 是一个列表，内容如下：

```
ls = [123, "456", 789, "123", 456, "789"]
```

请补充如下代码，求其各整数元素的和。

```
ls = [123, "456", 789, "123", 456, "789"]
s = 0
for item in ls:
    if____①____ == type(123):
        s +=____②____
print(s)
```

参考代码：

```
ls = [123, "456", 789, "123", 456, "789"]
s = 0
for item in ls:
    if type(item) == type(123):
        s += item
print(s)
```

18. while(true)可以构成一个"死循环"。请编写一个程序利用这个死循环完成如下功能：循环获得用户输入，直至用户输入字符 y 或 Y 为止，并退出程序。

参考代码：

```
while (1):    #构成一个死循环
    s = input()
    if s in (2):
        break
```

19. 获得用户输入的一组数字，采用逗号分隔（如：8,3,5,7），输出其中的最大值。

参考代码：

```
data = input()
a = data.split(",")
```

```
    b = []
    for i in a:
        b.append(int(i))
    print(max(b))
```

20．编写一个程序，实现从用户处获得一个不带数字的输入，如果用户输入中含数字，则要求用户再次输入，直至满足条件。打印输出这个输入。

输入格式：输入一个带数字的数据，第二次输入一个不带数字的数据。

输出格式：输出用户提示，输出第二次输入的数据。

参考代码：

```
    while True:
        N = input("请给出一个不带数字的输入: ")
        flag = True
        for c in N:
            if c in "1234567890":      （1）
                flag = False
                break      （2）
        if flag:
            break
    print(N)
```

21．编写代码完成如下功能：

（1）建立字典 d，包含内容："数学":101, "语文":202, "英语":203, "物理":204, "生物":206。

（2）向字典中添加键值对："化学":205。

（3）修改"数学"对应的值为 201。

（4）删除"生物"对应的键值对。

（5）打印字典 d 全部信息，参考格式如下（注意，其中冒号为英文冒号，逐行打印）：

```
    201:数学
    202:语文
    203:(略)
```

参考代码：

```
    d = {"数学":101, "语文":202, "英语":203, "物理":204, "生物":206}
    d["化学"] = 205
    d["数学"] = 201
    del d["生物"]
    for key in d:
        print("{}:{}".format(d[key], key))
```

实验十四　函数的使用

实验目的

（1）掌握函数的声明和使用。

（2）理解并掌握函数的参数传递。

（3）理解变量的作用域。

（4）理解匿名函数的声明和调用。

（5）了解函数的递归调用。

实验 14-1　实现字符串反转，输入 str="string"，输出'gnirts'。

分析：本例题声明一个函数 str_reverse(str)，调用字符串函数 reverse()用于反转字符串。

程序代码如下：

```
#自定义函数实现字符串的反转
def str_reverse(str):
    L=list(str)
    L.reverse()
    new_str=''.join(L)
    return new_str


s="string"
print(str_reverse(s))
```

思考题：本例题是否可以用下面的函数实现？

```
def str_reverse(str):
    return str[::-1]
```

实验 14-2　对 10 个数进行排序。

分析：可以利用选择法，即从后 9 个数的比较过程中，选择一个最小的与第一个数进行比较并交换，依次类推，即用第二个数与后 8 个数进行比较，并进行交换。

```
def main():
    a=[]
    b=[0,0,0,0,0,0,0,0,0,0]
    N=0
    print("请输入 10 个不重复的 2 位整数，每输入一个数后需按下 Enter 键：")
    for i in range(10):
        x=int(input("请输入第 %d 个 2 位整数:"%(i+1)))
        a.append(x)
    for i in range(10):
        for j in range(10):
            if a[i]>a[j]:
                N=N+1
        b[N]=a[i]
        N=0
    print(a)
    print('\n')
    print(b)
if __name__ == '__main__':
    main()
```

思考题：分析下面的程序的运行结果，要求输入的数有重复。

```
def main():
    a=[]
```

```
        print("请输入 10 个不重复的 2 位整数，每输入一个数后需按下 Enter 键：")
        for i in range(10):
            x=int(input("请输入第 %d 个 2 位整数:"%(i+1)))
            a.append(x)        #12 21 23 32 34 43 45 54 65 56

        count=len(a)
        for i in range(count):
            for j in range(i+1,count):
                if a[i]>a[j]:
                    a[i],a[j]=a[j],a[i]

        print(a)
        print('\n')
        print(a)
if __name__ == '__main__':
    main()
```

思考与综合练习

1. 如下函数返回两个数的平方和，请补充横线处代码。

```
def psum(  ___①___  ):
    ___②___    a**2 + b**2
a=eval(input())
b=eval(input())
print(psum(a,b))
```

2. 如下函数返回两个数的平方和，如果只给一个变量，则另一个变量的默认值为整数 10，请补充横线处代码。

```
def psum(  ___①___  ):
    ___②___    a**2 + b**2
N = eval(input())
print(psum(N))
```

3. 如下函数同时返回两个数的平方和以及两个数的和，如果只给一个变量，则另一个变量的默认值为整数 10，请补充横线处代码。

```
def psum(  ___①___  ):
    ___②___                 #同时返回两个数的平方和以及两个数的和
a=eval(input())
print(psum(a))
```

4. 用函数的方式，获得输入正整数 N，判断 N 是否为质数，如果是则输出 True，否则输出 False。要求输入一个正整数，输出 True 或者 False。下面给出程序，请补充横线处代码。

```
def prime():
    N = eval(input("请输入一个任意整数 N="))
    if N == 1 :
        flag = False
        ___①___
    else:
        flag = True
```

```
        for i in range(2,N):
                ②    :
                    flag = False
                    break
        print(flag)


    def main():
        prime()
    if __name__ == ③    :
        main()
```

5. 编写程序，实现获得用户输入的数值 M 和 N，输出 M 和 N 的最大公约数，请补充横线处代码。

```
    def GreatCommonDivisor(a,b):
        if a > b:
            a,b = b,a
        r = 1
        while r != 0:
                ①    
            a = b
            b = r
        return a
    m = eval(input())
    n = eval(input())
    print(    ②    )
```

6. 编写程序，实现将列表 ls = [23,45,78,87,11,67,89,13,243,56,67,311,431,111,141] 中的素数去除，并输出去除素数后列表 ls 的元素个数。请结合程序整体框架，补充横线处代码。

```
    def is_prime(n):
        for    ①    :
            if n % i == 0:
                return False
        return True


    ls = [23,45,78,87,11,67,89,13,243,56,67,311,431,111,141]
    for i in ls.copy():
        if is_prime(i) ==    ②    :
                ③    
    print(len(ls))
```

7. 利用过程调用计算表达式 $\sum\limits_{i=1}^{10} x_i = 1! + 2! + 3! + \cdots + 10!$ 的值。请补充横线处代码。

```
    def factorial(x):   #x 用于接收主程序传递过来的数据
        a = 0
        b = 1
        while a < x:
            a = a + 1
            b = b * a    #b 为表示某个数字的阶乘
```

```
        ①        #返回阶乘数

s=0                #这里 s 代表阶乘和
for    ②   :
    n = k
    要+=     ③
print("1!+2!+...+10!=",str(s))
```

8. 经常会有要求用户输入整数的计算需求，但用户未必一定输入整数。为了提高用户体验，编写 getInput()函数处理这样的情况。如果用户输入整数，则直接输出整数并输出退出，如果用户输入的不是整数，则要求用户重新输入，直至用户输入整数为止，请完善程序。

```
def getInput():
    txt = input("请输入整数:")     # "请输入整数: "
    while eval(txt) !=   ①   :
        txt = input("请重新输入整数: ")     # "请输入整数: "
        return getInput()
         ②
print(getInput())
```

9. 如图 14-1 所示，设计一个应用程序，以调用自定义函数的方式实现不同进制数据之间的相互转换。要求从键盘输入待转换的数据，将转换结果显示在文本框中。请填空完善程序代码。

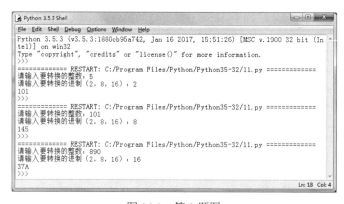

图 14-1　第 9 题图

```
def convert(a,b):
    s=""
    while a != 0:
        temp = a % b
         ①
        if temp >= 10:
            s =    ②
        else:
            s = str(temp) + s
         ③

def main():
    x=int(input("请输入要转换的整数："))
```

```
    y=int(input("请输入要转换的进制（2,8,16）: "))
    if y == 2:
        print(convert(x,y))
    if y == 8:
        print(convert(x,y))
    if y == 16:
        print(convert(x,y))
if __name__ == '__main__':
    main()
```

10. 利用子过程 Fibonacci (&n)的递归调用，计算斐波那契（Fibonacci）数。程序运行结果如图 14-2 所示。请填空完善程序。

图 14-2 第 10 题图

```
#计算斐波那契（Fibonacci）数的函数过程代码
def Fibonacci(n):
        if    ①    :
            return Fibonacci(n - 1) + Fibonacci(n - 2)
        else:
            ②
#"计算"指定项数的斐波那契数
def main():
        n = int(input("输出斐波那契数的项数: "))
        print("斐波那契数列前" + str(n) + "项的值是: ")
        for k in range(1,n+1):
            print(Fibonacci(k),end=" ")      #调用 Fibonacci(n)递归函数
            if    ③    : print("")           #换行
if __name__ == '__main__':
    main()
```

实验十五　文件的使用

实验目的

（1）理解文件的编码方式。

（2）理解文本文件和二进制文件的概念和处理方法。

（3）掌握文件的打开和关闭操作。

（4）理解文件的定位和随机存取。

（5）学会文件的读取、写入和追加操作。

实验内容与操作步骤

实验 15-1 遍历文件。

分析：利用 os.walk()方法返回值的三个参数，这三个参数分别表示父目录名、子目录和文件名。

编写的程序代码如下：

```
import os
import os.path
rootdir = "C:/Program Files/Python/Python35-32/Tools/pynche"      #指明被遍历的文件夹

for parent,dirnames,filenames in os.walk(rootdir):          #三个参数：分别返回父目录、所有文件夹
                                                            #名字（不含路径）、所有文件名字
    for dirname in   dirnames:                              #输出文件夹信息
        print("父目录是:" + parent)
        print("子目录名称:" + dirname)

    for filename in filenames:                              #输出文件信息
        print("父目录是:" + parent)
        print("文件名是:" + filename)
        #print("the full name of the file is:" + os.path.join(parent,filename))     #输出文件路径信息
```

实验 15-2 模拟文件的修改。

分析：

（1）打开要修改的文件，如文件 a.txt，内容如下：

你是我心内的一首歌

心间开启花一朵

（2）在内存中将其内容"心内"修改为"生命"，并存入文件 b.txt 中。

（3）删除原文件 a.txt，并将文件 b.txt 重命名为 a.txt。

编写的程序源代码如下：

```
import os

read_f=open('a.txt')
write_f=open('b.txt','w')
data=read_f.read()              #全部读入内存，如果文件很大，会很卡
data=data.replace('心内','生命')   #在内存中完成修改
write_f.write(data)             #一次性写入新文件
read_f.close()                  #关闭文件
write_f.close()
os.remove('a.txt')
os.rename('b.txt','a.txt')
```

实验 15-3 大胆预测 2020 年至 2022 年我国五个城市的房产价格走势，同时保存为 price2020.csv 文件。其中，2020/2021/2022 年所列出的数值为当前年份与前一年份的涨跌比。

例如，2020 列数据是预测 2020 年房价以 2019 年价格为基数（100）的比值，2021 列数据是预测 2021 年房价以 2020 年价格为基数（100）的比值，2022 列数据是预测 2022 年房价以 2021 年价格为基数（100）的比值。

城市	2020	2021	2022
北京	112	130	140
上海	123	140	121
广州	99	95	130
深圳	101	129	94
沈阳	93	92	87

请编写程序，以 2019 年为基数，预测 2020、2021、2022 年房价涨跌比，生成一个类似文件，名称为 price2020a2017.txt，保留整数。

程序代码如下：

```python
fi = open("D:/Python_Example/price2020.csv","r",encoding ="utf-8")
fo = open("D:/Python_Example/price2020a2017.txt","w",encoding="utf-8")
ls = []
for line in fi:
    line = line.replace("\n", "")
    ls.append(line.split(","))
for i in range(1,len(ls)):
    for j in range(1,len(ls[i])):
        if ls[i][j].isnumeric():
            if j == 1:
                base = 100
            else:
                base = float(ls[i][j-1])
            ls[i][j]= "{:.0f}".format(base * float(ls[i][j])/100)
for row in ls:
    fo.write(",".join(row) + "\n")
fi.close()
fo.close()
```

实验 15-4 1949 年 4 月 23 日，中国人民解放军午夜解放南京，毛泽东同志在清晨获得消息后写下《七律·人民解放军占领南京》，全文如下：

七律·人民解放军占领南京

钟山风雨起苍黄，百万雄师过大江。虎踞龙盘今胜昔，天翻地覆慨而慷。宜将剩勇追穷寇，不可沽名学霸王。天若有情天亦老，人间正道是沧桑。

问题 1：这是一段由标点符号分隔的文本，请编写程序，将这段文本转换为诗词风格。

问题 2：编写程序，以每半句为单位，保留标点符号为原顺序及位置。

输出格式：

问题 1 输出：每行 30 个字符，诗词居中，每半句一行，去掉所有标点。输出到文件"七律.txt"。

问题 2 输出：输出全文的翻转形式。

人间正道是沧桑，天若有情天亦老。（略）

分析：对问题 1，用 s 表示整首诗词正文，每七个字符取出一次并写到"七律.txt"文件中，每行 30 个字符居中输出；对问题 2，每七个字符取出一次并保存一个列表变量 ls 中，倒序（ls.reverse()）后并输出。

编写的程序代码如下：

问题 1

```
s = "钟山风雨起苍黄，百万雄师过大江。\
虎踞龙盘今胜昔，天翻地覆慨而慷。\
宜将剩勇追穷寇，不可沽名学霸王。\
天若有情天亦老，人间正道是沧桑。"
lines = ""
for i in range(0,len(s),8):
    lines += s[i:i+7].center(30) +'\n'
print(lines)
fo = open("七律.txt", "w")
fo.write(lines)
fo.close()
```

问题 2

```
s = "钟山风雨起苍黄，百万雄师过大江。\
虎踞龙盘今胜昔，天翻地覆慨而慷。\
宜将剩勇追穷寇，不可沽名学霸王。\
天若有情天亦老，人间正道是沧桑。"
ls = []
for i in range(0,len(s),8):
    ls.append(s[i:i+7])
ls.reverse()
n = 0
for item in ls:
    n = n + 1
    if n%2 !=0 :
        print(item,end="，")
    else:
        print(item,end="。\n")
```

实验 15-5 古代航海人为了方便在航海时辨别方位和观测天象，将散布在天上的星星运用想象力将它们连接起来，有一半星星是在古时候已命名，而另一半是在近代开始命名的。两千多年前古希腊的天文学家希巴克斯命名十二星座，依次为白羊座、金牛座、双子座、巨蟹座、狮子座、处女座、天秤座、天蝎座、射手座、魔羯座、水瓶座和双鱼座。给出二维数据存储 CSV（CSV 是最通用的一种文件格式，以逗号间隔的文本文件，英文为 Comma Separated Values）文件（SunSign.csv），内容如下：

```
星座,开始月日,结束月日,Unicode
水瓶座,120,218,9810
双鱼座,219,320,9811
白羊座,321,419,9800
```

```
金牛座,420,520,9801
双子座,521,621,9802
巨蟹座,622,722,9803
狮子座,723,822,9804
处女座,823,922,9805
天秤座,923,1023,9806
天蝎座,1024,1122,9807
射手座,1123,1221,9808
魔羯座,1222,119,9809
```

请编写程序，读入 CSV 文件中的数据，循环获得用户输入，直至用户输入"exit"退出。根据用户输入的星座名称，输出此星座的出生日期范围及对应字符形式。如果输入的星座名称有误，则输出 "输入星座名称有误！"。

分析：从文件 SunSign.csv 中分别取出每一行，并添加到列表 ls 中，形成一个二维数组。输入一个星座名称并和列表 ls 中每一个列表数据中的第一个元素进行比对，如果有该数据，则输出。

编写的程序代码如下：

```
#读入 CSV 格式数据到列表中
fo = open("D:/Python_Example/SunSign.csv","r", encoding='utf-8')
ls = []
for line in fo:
    line = line.replace("\n","")    #删除换行符
    ls.append(line.split(","))    #添加到列表中
fo.close()

while True:
    InputStr = input("请输入星座名称(如双子座)：")        #请输入星座名称，例如双子座
    InputStr.strip()        #删除开头或是结尾的空格
    flag = False
    if InputStr == 'exit':
        break
    for line in ls:
        if InputStr == line[0]:
            print("{}座的生日位于{}-{}之间。".format(chr(eval(line[3])),line[1],line[2]))
            flag = True
    if flag == False:
        print("输入星座名称有误！")
```

思考与综合练习

1．编写程序，统计由标准输入得到的文件中字符的个数。假设该文件为 sylx1.txt，其内容如下：

The sea looks beautiful on a fine sunny day. 在晴朗的天气里，大海看起来很美。the sea is very big.大海非常大。

2．编写程序，分别统计输入文件中的空格、行、数字、花括号以及其他所有字符的个数。

假设该文件为 sylx2.txt，其内容如下：

```
print("{}座的生日位于{}-{}之间。".
format(chr(eval(line[3])),line[1],line[2]))
```

3．阅读下面的程序代码，写出该程序的功能。

```
fout = open("file.txt", "w")
size = len(conten)
offset = 0;chunk = 100
while True:
    if offset > size:
        break
    fout.write(conten[offset:offset+chunk])
    offset += chunk
fout.close()
```

参考答案：如果源字符串比较大，可以将数据进行分块，直到所有字符被写入。

4．编写程序，生成随机密码。具体要求如下：

（1）使用 random 库，采用 0x1010 作为随机数种子。

（2）密码由 abcdefghijklmnopqrstuvwxyzABCDEFGHIJKLMNOPQRSTUVWXYZ1234567890!@#$%^&*中的字符组成。

（3）每个密码长度固定为 10 个字符。

（4）程序运行每次产生 10 个密码，每个密码一行。

（5）每次产生的 10 个密码首字符不能一样。

（6）程序运行后产生的密码保存在"随机密码.txt"文件中。

参考代码：

```
import random
random.seed(0x1010)
s = "abcdefghijklmnopqrstuvwxyzABCDEFGHIJKLMNOPQRSTUVWXYZ1234567890!@#$%^&*"
ls = []
excludes = ""
while len(ls) < 10:
    pwd = ""
    for i in range(10):
        pwd += s[random.randint(0, len(s)-1)]
    if pwd[0] in excludes:
        continue
    else:
        ls.append(pwd)
        excludes += pwd[0]
print("\n".join(ls))
#或写入文件
fo = open("D:\\Python_Example\\随机密码.txt", "w")
fo.write("\n".join(ls))
fo.close()
```

5．采用 CSV 格式对一、二维数据文件进行读写。逗号分隔的存储格式叫 CSV 格式文件，它是一种通用的、相对简单的文件格式。一维数据保存成 CSV 格式后，各元素采用逗号分隔，形成一行。二维数据由一维数据组成，CSV 文件的每一行是一维数据，整个 CSV 文件是二维数据。

以二维为例，从 CSV 格式文件中读入数据并将其表示为二维列表对象的方法如下：

```
f=open（"data.csv","r"）
ls=[]
for line in f:
    ls.append(line.strip('\n').split(","))
f.close()
```

将二维列表数据写入 CSV 文件的方法如下：

```
f=open（"data.csv","w"）  #假设 data.csv 文件已经存在
for row in ls:
    f.write(",".join(row)+"\n")
f.close()
```

其中 data.csv 可以为任意 CSV 文件的数据，如：

GZH	JB	JT	YK
1001	760	400	100
1002	930	650	189
1003	1456	780	256
1004	580	300	85
1005	1864	900	405
1006	510	200	58

6.《论语》是儒家学派的经典著作之一，主要记录了孔子及其弟子的言行。网络上有很多《论语》文本版本。这里给出了一个版本，文件名称为"论语-网络版.txt"，其内容采用如下格式组织。

【原文】

1.11 子曰："父在，观其（1）志；父没，观其行（2）；三年（3）无改于父之道（4），可谓孝矣。"

【注释】

（1）子：中国古代对于有地位、有学问的男子的尊称，有时也泛称男子。《论语》书中"子曰"的"子"，都是指孔子。

（2）学：孔子在这里所讲的"学"，主要是指学习西周的《礼》《乐》《诗》《书》等传统文化典籍。

……

【译文】

（略）

【评析】

（略）

该版本通过【原文】标记《论语》原文内容，采用【注释】、【译文】和【评析】标记对原文的注释、译文和评析。

问题 1：请编写程序，提取《论语》文档中所有原文内容，输出保存到"论语-提取版.txt"

文件。输出文件格式要求：去掉文章中原文部分每行行首空格及如"1.11"等的数字标志，行尾无空格、无空行。参考格式如下（原文中括号及内部数字是对应源文件中注释项的标记）：

子曰（1）："学（2）而时习（3）之，不亦说（4）乎？有朋（5）自远方来，不亦乐（6）乎？人不知（7），而不愠（8），不亦君子（9）乎？"

有子（1）曰："其为人也孝弟（2），而好犯上者（3），鲜（4）矣；不好犯上，而好作乱者，未之有也（5）。君子务本（6），本立而道生（7）。孝弟也者，其为人之本与（8）？"

子曰："巧言令色（1），鲜（2）仁矣。"

......

问题 2：请编写程序，在"论语-提取版.txt"的基础上，进一步去掉每行文字中所有括号及其内部数字，保存为"论文-原文.txt"文件。参考格式如下：

子曰："学而时习之，不亦说乎？有朋自远方来，不亦乐乎？人不知，而不愠，不亦君子乎？"

有子曰："其为人也孝弟，而好犯上者，鲜矣；不好犯上，而好作乱者，未之有也。君子务本，本立而道生。孝弟也者，其为人之本与？"

子曰："巧言令色，鲜仁矣。"

......

参考代码 1：

```
fi = open("论语-网络版.txt", "r", encoding="utf-8")
fo = open("论语-提取版.txt", "w")
wflag = False              #写标记
for line in fi:
    if "【" in line:        #遇到"【"时，说明已经到了新的区域，写标记置否
        wflag = False
    if "【原文】" in line:   #遇到【原文】时，设置写标记为 True
        wflag = True
        continue
    if wflag == True:      #根据写标记将当前行内容写入新的文件
        for i in range(0,25):
            for j in range(0,25):
                line = line.replace("{}·{}".format(i,j),"**")
        for i in range(0,10):
            line = line.replace("*{}".format(i),"")
        for i in range(0,10):
            line = line.replace("{}*".format(i),"")
        line = line.replace("*","")
        fo.write(line)
fi.close()
fo.close()
```

参考代码 2：

```
fi = open("论语-提取版.txt", "r")
fo = open("论语-原文.txt", "w")
for line in fi:      #逐行遍历
    for i in range(1,23): #产生数字 1 到 22
```

```
        line=line.replace("({})".format(i), "")    #构造（i）并替换
    fo.write(line)
fi.close()
fo.close()
```

实验十六　绘制图形

实验目的

（1）理解 turtle 库图形绘制方法；
（2）掌握规则图形绘制和运用微直线法进行函数图形的绘制。

实验内容与操作步骤

实验 16-1　使用 turtle 库的 turtle.fd()函数和 turtle.seth()函数绘制一个等边三角形，边长为 200 像素，效果如图 16-1 所示。

程序代码如下：

```
import turtle as t
for i in range(3):
    t.seth(i * 120)        #旋转的角度
    t.fd(200)              #旋转的角度
t.done()
```

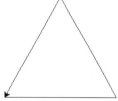

图 16-1　等边三角形

实验 16-2　如图 16-2 所示，画一个五角星。

分析：从图中我们可以看出，五角星有五条等长的边。首先画出水平边，接着旋转 144°（两边夹角 72°），再画第二条边，再旋转 144°，依次画出五条边。最后，以红色填充。

程序代码如下：

```
import turtle
import time
turtle.pensize(5)
turtle.pencolor("yellow")      #画笔为黄色
turtle.fillcolor("red")        #填充色为红色

turtle.begin_fill()
for i in range(5):
    turtle.forward(200)
    turtle.right(144)          #旋转 144°
time.sleep(2)                  #暂停一下
turtle.end_fill()
turtle.penup()
turtle.goto(-150,-120)
#turtle.mainloop()             #一直不停地循环，之后的程序只有在你关掉弹出窗口之后才运行
turtle.done()
```

图 16-2　五角星

思考题：分析下面程序的运行结果。

```
from turtle import *
```

```
fillcolor("red")        #设置填充颜色
begin_fill()
while True:
    forward(200)        #设置五角星的大小
    right(144)
    if abs(pos()) < 1:
        break
end_fill()
```

实验 16-3　如图 16-3 所示，画一张脸。

分析：从图中可以看出，脸是由一个大圆、两个小圆（眼睛）和一条较粗的横线（嘴巴）组成。二个小圆（眼睛）位于大圆上方对称的位置，一条较粗的横线（嘴巴）位于大圆下方。

程序代码如下：

图 16-3　脸

```
import turtle as t
#画脸
t.circle(100)
t.penup()
t.goto(-35,110)
#画左眼
t.pencolor("black")     #画笔为黑色
t.fillcolor("red")      #填充色为红色
t.begin_fill()
t.pendown()
t.circle(15)
t.end_fill()
#画右眼
t.fillcolor("red")      #填充色为红色
t.begin_fill()
t.penup()
t.goto(35,110)
t.pendown()
t.circle(15)
t.end_fill()
#画嘴巴
t.pencolor("white")     #画笔为白色
t.goto(-25,50)
t.pensize(5)            #画笔粗细
t.pencolor("black")     #画笔为黑色
t.fd(50)
t.penup()
t.goto(-100,0)         #画笔定位左侧
```

实验 16-4　绘制函数 $y = 9 - x^2$ 的图像，如图 16-4 所示。

分析：本题中，首先将画布大小设置为 400×600 像素。根据公式可知，如果 x 的值为 $-200 \leqslant x \leqslant 200$，$y$ 的值为 $-300 \leqslant y \leqslant 300$，极端的情况下，当 $x=200$，则 $y=-39991$，远大于画布的高的一半。因此，x 的值不能太大，本题对 x 的值处理如下：先将 x 值缩小 $1/50$，再计算出 y 的值。扩大 y 值 50 倍，再减去一个常数（即 y 的值不超过画布高的一半）。

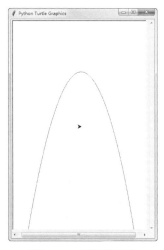

图 16-4　画函数图像

代码如下：

```
import turtle as t
t.setup(width=400,height=600)          #设置绘图窗口大小
t.hideturtle()                          #隐藏笔尖形状
t.speed(6)                              #设置绘图速度
t.Turtle().screen.delay(0)              #取消屏幕延迟
t.color(1,0,0)                          #设置画笔颜色为红
t.up()                                  #抬笔，不绘图
t.goto(-200,-400)
t.down()                                #落下画笔，开始绘图
for x in range(-200,201):
    y=(9-(x*1/50)**2)*50-300            #计算函数值，扩大 50 倍，再减去一个常数
    t.goto(x,y)
t.up()
t.mainloop()                            #启动事件主循环
```

思考题：试运行以下程序，查看其画出的图形是什么

```
import turtle as t
import math
t.setup(width=700,height=500)          #设置绘图窗口大小
t.hideturtle()                          #隐藏笔尖形状
t.speed(6)                              #设置绘图速度
t.Turtle().screen.delay(0)              #取消屏幕延迟
t.color(1,0,0)                          #设置画笔颜色为红
t.up()                                  #抬笔，不绘图
t.goto(-314,0)
t.down()                                #落下画笔，开始绘图
for x in range(-314,315):
    y=math.sin(x*1/100)*100            #计算函数值，扩大 100 倍
    t.goto(x,y)
t.up()
t.mainloop()                            #启动事件主循环
```

思考与综合练习

1. 绘制一个边长为 100 像素的正方形▢，阅读以下程序，并补充代码。

```
import turtle
turtle.pensize(3)
d = 0
for i in range(____①____):          # range(4)
    turtle.fd(____②____)            #200
    d = ____③____                   # d + 90
    turtle.seth(d)
```

2. 使用 turtle 库绘制红色五角星图形★，阅读以下程序，并补充代码。

```
(____①____)               #from turtle import *
setup(400,400)
penup()
goto(-100,50)
pendown()
color("red")
(____②____)               #begin_fill()
for i in range(5):
    forward(200)
    (____③____)           #right(144)
end_fill()
hideturtle()
done()
```

3. 绘制正方形螺旋线▣，阅读以下程序，并补充代码。

```
import turtle
n = 10
for i in range(1,5,1):
    for j in [90,180,-90,0]:
        turtle.seth(____①____)        #j
        turtle.fd(____②____)          #n
        n += 5
turtle.done()
```

4. 库绘制同心圆图形◎，阅读以下程序，并补充代码。

```
(____①____)                    #import turtle as t
def DrwaCctCircle(n):
    t.penup()
    t.goto(0,-n)
    t.pendown()
    (____②____)                #t.circle(n)
t.pensize(2)
for i in range(20,100,20):
    DrwaCctCircle(i)
t.hideturtle()
t.done()
```

5.（扩展题）编写程序，绘制如图 16-5 所示的彩色螺旋线。

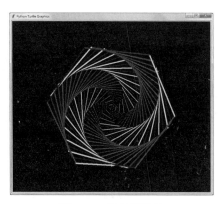

图 16-5　彩色螺旋线

参考代码：

```
import turtle    #引入 turtle 绘图包
import time
t = turtle.Pen()
t.pensize(2)
turtle.bgcolor("black")
turtle.speed("fastest")
sides = 6
colors = ["red", "yellow",'purple','blue']
for x in range(400):
    t.color(colors[x%4])
    t.forward(x*3/sides+x)
    t.left(360/sides+1)
    t.width(x*sides/200)
time.sleep(30)
turtle.mainloop()
```

6. 编写程序，绘制正弦曲线，如图 16-6 所示。

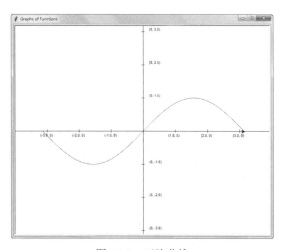

图 16-6　正弦曲线

7.（扩展题）jieba（结巴）是一个中文分词专用库，还可以辅助自定义分词词典。jieba库需要通过 pip 指令安装，pip 安装命令如下：

（1）首先进入 Command Prompt 命令界面，如图 16-7 所示。

图 16-7　命令界面

（2）在 Command Prompt 命令提示符下，键入 pip install jieba，即可安装（网络处于连接状态）。

若用户计算机无网络连接状态，则先下载 https://github.com/fxsjy/jieba/tree/jieba3k，解压后，在 Command Prompt 命令界面下使用命令 python setup.py install，也可安装。

（3）测试一下，在 Command Prompt 命令界面下键入：

```
python
>>>import jieba
```

没有显示错误，说明安装好了。

jieba 库包含的主要方法见表 16-1。

表 16-1　jieba 库包含的主要方法

方法	说明
jieba.lcut(s)	精确模式，返回一个列表类型
jieba.lcut(s,cut_all=True)	全模式，返回一个列表类型
jieba.lcut_for_search(s)	搜索引擎模式，返回一个列表
jieba.add_word(w)	向分词词典中增加词

例如，下面的语句可将"钟山风雨起苍黄百万雄师过大江"分割成中文词组。

```
>>>import jieba
>>> ls=jieba.lcut("钟山风雨起苍黄百万雄师过大江")
>>> print(ls)
['钟山', '风雨', '起', '苍黄', '百万雄师', '过', '大江']
```

8.（扩展题）wordcloud（词云）库是一个以词组为基本单元词的展示库，根据其在文本中出现的位置设计不同大小以形成视觉上的不同效果，如图 16-8 所示。

图 16-8　第 8 题图

程序代码如下：

```
from wordcloud import WordCloud
import matplotlib
import jieba
txt="如果你足够勇敢说再见，\
生活便会奖励你一个新的开始。\
生活本来就是这么简单，\
只需要一点点勇气，\
就可以把生活转个身，重新开始，很简单。"
words=jieba.lcut(txt)    #精确分词
newtxt="".join (words)    #空格拼接
wordclds=WordCloud(font_path="simsun.ttc").generate(newtxt)    #使用宋体字
wordclds.to_file("D:\\Python_Example\\wordclds.jpg")    #保存图片
```

提示：wordcloud 库的核心是 WordCloud 类，所有的功能都封装在 WordCloud 类中，使用时需要实例化一个 WordCloud 类的对象，并调用其.generate(text)方法将 text 文本转化为词云。

wordcloud 库需要通过 pip 指令安装，pip 安装命令如下：

（1）首先从网站下载 wordcloud 库，网址如下：

https://www.lfd.uci.edu/~gohlke/pythonlibs/#wordcloud

（2）将下载的 wordcloud 库复制到 Python 安装目录中，然后进入 Command Prompt 命令界面，键入如下命令即可安装。

```
pip install wordcloud-1.5.0-cp35-cp35m-win_amd64.whl        #（64 系统）
pip install wordcloud-1.5.0-cp35-cp35m-win32.whl            #（32 系统）
```

注意：要形成最终的云图，需要安装 matplotlib 包。matplotlib 包的安装可在命令行中输入以下命令：

```
pip install matplotlib
```

见到 successfully installed 则表示完成安装，命令行输入"python"在>>>后面输入

```
import matplotlib
```

若没有报错则视为安装成功。

在创建 WordCloud 类时有一系列可选参数，用于配置词云图片，其常用参数和类方法如下。

（1）font_path：string，字体路径，需要展现什么字体就把该字体路径+后缀名写上，如 font_path = '黑体.ttf，默认 None'.

（2）width：int (default=400)，输出的画布宽度，默认为 400 像素。

（3）height：int (default=200)，输出的画布高度，默认为 200 像素。

（4）prefer_horizontal：float (default=0.90)，词语水平方向排版出现的频率，默认 0.9（所以词语垂直方向排版出现频率为 0.1）。

（5）mask：nd-array or None (default=None)，如果参数为空，则使用二维遮罩绘制词云。如果 mask 非空，设置的宽高值将被忽略，遮罩形状被 mask 取代。

（6）除全白（#FFFFFF）的部分不会绘制，其余部分会用于绘制词云，如 bg_pic = imread ('读取一张图片.png')。

（7）背景图片的画布一定要设置为白色（#FFFFFF），显示的形状为不是白色的其他颜色。可以用 Photoshop 工具将自己要显示的形状复制到一个纯白色的画布上再保存。

（8）scale：float (default=1)，按照比例放大画布，如设置为 1.5，则长和宽都是原来画布的 1.5 倍。

（9）min_font_size：int (default=4)，显示的最小的字体大小 4。

（10）font_step：int (default=1)，字体步长，如果步长大于 1，会加快运算但是可能导致结果出现较大的误差。

（11）max_words：number (default=200)，要显示的词的最大个数。

（12）stopwords：set of strings or None，设置需要屏蔽的词，如果为空，则使用内置的STOPWORDS。

（13）background_color：color value (default="black")，背景颜色，如 background_color='white'，背景颜色为白色。

（14）max_font_size：int or None (default=None)，显示的最大的字体大小。

（15）mode：string (default="RGB")，参数为"RGBA"并且 background_color 不为空时，背景为透明。

（16）colormap：string or matplotlib colormap, default="viridis"，给每个单词随机分配颜色，若指定 color_func，则忽略该方法。

（17）fit_words(frequencies)：为 WordCloud 类方法，根据词频生成词云（frequencies 为字典类型）。

（18）generate(text)：为 WordCloud 类方法，根据文本生成词云。

（19）generate_from_frequencies(frequencies[, ...])：为 WordCloud 类方法，根据词频生成词云。

（20）generate_from_text(text)：为 WordCloud 类方法，根据文本生成词云。

（21）process_text(text)：为 WordCloud 类方法，将长文本分词并去除屏蔽词（此处指英语，中文分词还是需要自己用别的库先行实现，使用上面的 fit_words(frequencies)）。

（22）recolor([random_state, color_func, colormap])：为 WordCloud 类方法，对现有输出重新着色。重新上色会比重新生成整个词云快很多。

（23）to_array()：为 WordCloud 类方法，转化为 numpy array。

（24）to_file(filename)：类的方法，表示输出到文件。

第7章　Word 2010 文字处理

实验十七　Word 的基本操作

实验目的

（1）掌握 Word 的各种启动方法。

（2）熟悉 Word 的编辑环境，掌握文本中汉字的插入、替换和删除。

（3）学会用不同方式保存文档。

实验内容与操作步骤

实验 17-1　Word 的启动与关闭。

（1）通过"开始"的级联菜单启动 Word，操作步骤为：

1）依次单击 Windows 桌面左下角的"开始"→"所有程序"→Microsoft Office→Microsoft Office Word 2010 命令。

2）屏幕出现 Word 的启动画面，随后打开一个空白的 Word 文档窗口，如图 17-1 所示。

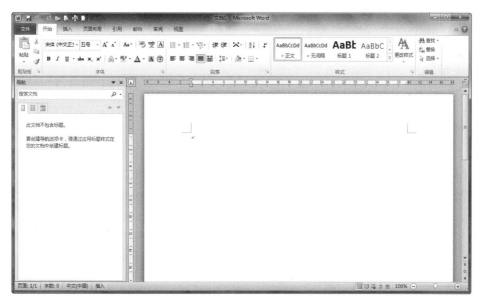

图 17-1　Word 的文档窗口

（2）退出 Word。

退出 Word 的方法主要有 3 种：

1）单击右上角的"关闭"按钮 [X]。

2）单击"文件"选项卡，单击弹出菜单中的"退出"命令，结束 Word 程序的运行。

3）按 Alt+F4 组合键。

实验 17-2　创建新文档。

操作方法及步骤如下：

（1）在可读写的磁盘上（如 E 盘）创建一个文件夹（如"SHJSHJ 上机实践"），用来存放上机实践中的 Word 文档。

（2）首次进入 Word，自动创建"文档 1"，或者在"文件"选项卡中单击"新建"命令，也可以单击快速访问栏 🖫 🄌 ▾ 🖰 🗋 🗎 🖨 🖻 ▾ 上的"新建"按钮，打开一个空白文档窗口。

（3）单击任务栏上的输入法图标，弹出输入法菜单，选择一种汉字输入方式，如"极点五笔输入法"。

（4）按下面格式输入一段文字。首行不要用空格键或 Tab 键进行首行缩进，当输入的文本到达一行的右端时，Word 会自动换行，只有一个段落内容全部输入完后，才可按下 Enter 键。如果需要在一个段落中间换行，可用 Shift+Enter 组合键产生一个软回车。文档内容如下：

计算机经历了五个阶段的演化

回顾计算机的发展，人们总是津津乐道：第一代电子管计算机、第二代计算机、第三代小规模集成电路计算机、第四代超大规模集成电路计算机。至于第五代计算机，过去总是说日本的 FGCS，甚至还有第六代、第七代等设想。然而，FGCS 项目（1982 年—1991 年）并未达到预期的目的，与当初耸人听闻的宣传相比，可以说是失败了。至此，五代机的说法便销声匿迹。

这种"直线思维"其实只是对大形主机发展的描述和预测。事物的发展并不以人们的主观意志为转移，它总是在螺旋式上升。最近 20 年的发展，特别是微型计算机及网络创造的奇迹，使"四代论"显得苍白乏力。早就应该对这种过时的提法进行修正了。

我们认为现代电子计算机经历了五个阶段的演化：

（1）大形主机（Mainframe）阶段，即传统大型机的发展阶段。

（2）小型机（Minicomputer）阶段。

（3）微型机（Microcomputer）阶段，即个人计算机的发展阶段。

（4）客户机/服务器（Client/Server）阶段。

（5）互联网（Internet/Intranet）阶段。

这里有几点需要说明：首先，虽然小型机抢占了大形主机的不少世袭领地，微型机又占据了大型机和小型机的许多地盘，但是它们谁都不能把对方彻底消灭。这五个阶段不是逐个取而代之的串行关系，而是优势互补、适者生存的并行关系。因此，我们没有规定具体的起止时间。粗略地说，第一阶段从 20 世纪 50 年代始，第二阶段从 20 世纪 60 年代始，第三阶段从 20 世纪 70 年代始，第四阶段从 20 世纪 80 年代始，第五阶段从 20 世纪 90 年代开始，这基本上是合适的。

（5）文档内容输入完后，单击快速访问工具栏中的"保存"按钮 🖫（或单击"文件"选项卡中"保存"或"另存为"命令），弹出"另存为"对话框，如图 17-2 所示。在"文件名"文本框中输入文件名，如 Word1；在"保存类型"下拉列表框中选择"Word 文档"，在"保存位置"中选取文件夹，本例是"SHJSHJ 上机实践"，单击"保存"按钮保存。

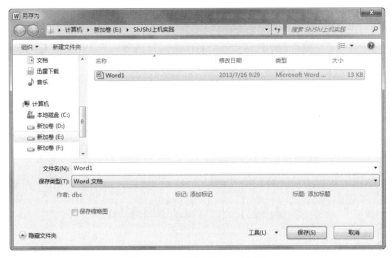

图 17-2　"另存为"对话框

实验 17-3　编辑文档。

（1）单击快速访问工具栏中的"打开"按钮，选择打开实验 17-2 中建立的 Word 文档（如 Word1.docx）。

（2）移动插入点到要修改的位置，单击状态栏上的"插入"按钮进行插入/改写字符的操作。用 Backspace 或 Delete 键进行字符的删除操作。如将"第二代计算机"改为"第二代晶体管计算机"，方法为把插入点移到"计"字的前面，将编辑状态设置为插入，输入"晶体管"三个字即可。

（3）存盘。

1）单击快速访问工具栏中的"保存"按钮（或按下组合键 Ctrl+S），修改后的文档以原文件名存盘。

2）单击"文件"选项卡中的"另存为"命令，弹出如图 17-2 所示的对话框，在"文件名"文本框中输入新的文件名，在"保存类型"下拉列表框中选择"纯文本"，修改后的文件以新的文件名（如 Word2.txt）存放在文件夹中。

思考与综合练习

1．如何将标尺刻度以厘米为单位显示？（提示：利用"文件"选项卡中的"选项"→"高级"子菜单进行有关设置）

2．如何对所建文档设置密码保护？在设置密码保护时，如果不使用"审阅"选项卡中的"保护"→"限制编辑"命令，如何进行保护？如何取消已设置保护密码的文档？

3．输入实验 17-2 中的一段文字。要求按 Normal.dot 的模板格式录入，中文为宋体，英文为 Times New Roman 字体，五号字；标点符号用全角，特殊符号用"插入"选项卡中的"符号"命令输入；在文档最后输入日期和时间。

4．接上题，全部录入完毕后，用工具栏中的"保存"按钮存盘，在弹出的"另存为"对话框中输入盘符、文件夹和文件名，并确认文件类型为 Word 文档。

5．打开已建立的文档 Word1.docx，按表 17-1 中的内容对文档进行编辑。

表 17-1　编辑内容

原内容	修改后的内容	原内容	修改后的内容
回顾计算机的发展	回顾计算机的发展阶段	大形主机	大型主机
特别是微型计算机	特别是微机	大型机的发展	大型机、中型机的发展
微型机又占据了	微型机又抢占		

6. 接上题，对编辑后的文档首先以原文件名存盘，然后使用"文件"选项卡中的"另存为"命令以纯文本文件格式存入文件夹中，文件名为 Word1.txt。

实验十八　文档的编辑

实验目的

（1）熟练掌握 Word 文本的浏览和定位。

（2）掌握选定内容长距离和短距离移动复制的方法以及选定内容的删除方法。

（3）掌握一般字符和特殊字符的查找和替换，及部分和全部内容查找和替换的方法。掌握灵活设置查找条件的方法。

实验内容与操作步骤

实验 18-1　文本的选定、复制和删除。

操作方法及步骤如下：

（1）打开实验 17-2 所保存的文档（Word1.docx），在文章最后，输入下列内容：

还有，我们有意忽略了巨型机的发展，并不是因为它不重要，而是因为它比较特殊。巨型机和微型机是同一时代的产物，一个是贵族，一个是平民。在轰轰烈烈的电脑革命中，历史没有被贵族左右，而平民却成了运动的主宰。

其次，把网络纳入计算机体系结构是合情合理的，网络是计算机通信能力的自然延伸，网上的各种资源是计算机存储容量的自然扩充。你可以把网络分为网络硬件和网络软件，而网络硬件又可以分为计算机和通信设备等。但是，从以人为本的观点来看，人们访问网络的界面仍然主要是 PC。

（2）在输入过程中，对于文档中已存在的文字可通过复制的方法输入，如复制"微型机"可按下列步骤进行：按下鼠标左键拖拽"微型机"三个字，选中该文字块，按住 Ctrl 键，把光标指向选定的文本，当光标呈现箭头状时按住鼠标左键，拖拽虚线插入点到新位置后，松开左键和 Ctrl 键即可。

（3）选定"这里有几点需要说明……这基本上是合适的。"一段文字，可在行左边选定栏中拖拽，或双击该段落旁的选定栏，也可在该段落中任何位置上单击三次。

（4）按 Delete 键或单击"剪切"按钮，选定的文本被删除。单击"撤消"按钮，可撤消本次删除操作。

实验 18-2　使用工具栏按钮移动或复制文档。

操作方法及步骤如下：

（1）选定"其次，把网络纳入计算机……仍然主要是 PC。"一段文字。

（2）单击"剪切"按钮 ✂，被选中的文本内容送至剪贴板中，原内容在文档中被删除。

（3）将插入点移到"这基本上是合适的。"的下一行，单击"粘贴"按钮 📋，完成选定文本的移动。

（4）如果选定文本后选择"复制"按钮 📄，则文本内容送到剪贴板且原内容在文档中仍然保留，此时为复制操作。

实验 18-3 文本的一般查找。

操作方法及步骤如下：

（1）单击"开始"选项卡"编辑"组中的"查找"按钮 🔍 查找 ▾（或按下组合键 Ctrl+F），打开如图 18-1 所示的"导航"窗格。

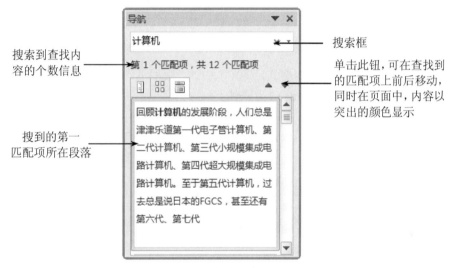

图 18-1 在"导航"窗格中实现查找功能

（2）在搜索框文本框中输入要搜索的文本"计算机"。

（3）按下 Enter（回车键）键开始查找，单击 ✖ 按钮，或按 Esc 键可取消正在进行的查找工作。

查找的项目内容找到后，页面上系统会以突出的颜色显示出来，同时，在"搜索"对话框中将显示出查找到的第一个匹配项所在段落。

实验 18-4 文本的高级查找。

（1）打开"开始"选项卡，单击"编辑"组中的"查找"按钮右侧的下拉列表框，从中执行"高级查找"命令，打开"查找和替换"对话框。

（2）单击"更多"按钮，在如图 18-2 所示的扩展对话框中设置所需的选项，如按区分大小写方式查找 Internet，可选择"区分大小写"复选框；如要查找段落标记，可单击对话框中的"特殊字符"按钮，然后选择其中的"段落标记"选项。

（3）单击"查找下一处"按钮。

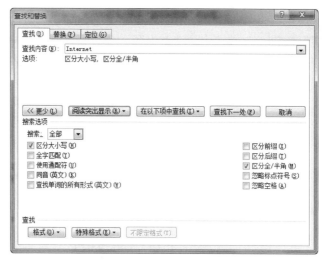

图 18-2 设置查找选项

实验 18-5 替换文本和文本格式，将文本中的"微型机"改写为"微型计算机"，将 Times New Roman 字体的英文 Mainframe 改为宋体。

操作方法及步骤如下：

（1）在"开始"选项卡中，单击"编辑"组中的"替换"命令按钮，打开"查找和替换"对话框，如图 18-3 所示。

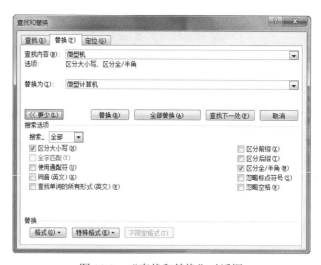

图 18-3 "查找和替换"对话框

（2）在"查找内容"文本框中输入要查找的文本内容"微型机"。

（3）在"替换为"文本框中输入替换文本内容"微型计算机"，单击"替换"或"全部替换"按钮。

（4）在"查找内容"文本框中输入要改变格式的文本 Mainframe。

（5）在"替换为"文本框中输入替换文本 Mainframe。

（6）单击"格式"按钮，选择所需要的格式，如图 18-4 所示。

图 18-4　替换指定的格式

（7）单击"字体"选项，打开"查找字体"对话框，如图 18-5 所示。在"西文字体"列表框中，选择"宋体"，单击"确定"按钮回到"查找和替换"对话框，再单击"替换"或"全部替换"按钮。

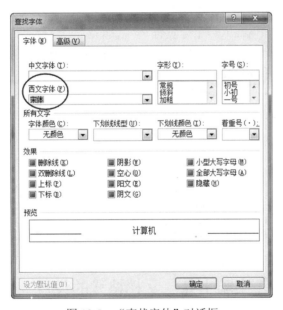

图 18-5　"查找字体"对话框

思考与综合练习

1. 新建一 Word 文档（Word2.docx），并输入以下文本内容：

量子纠缠与量子通信

"量子纠缠"证实了爱因斯坦的幽灵超距作用（spooky action in a distance）的存在，它证实了任何两种物质之间，不管距离多远，都有可能相互影响，不受四维时空的约束，是非局域的（nonlocal），宇宙在冥冥之中存在深层次的内在联系。

"量子纠缠"现象是说，一个粒子衰变成两个粒子，朝相反的两个方向飞去，同时会发生向左或向右的自旋。如果其中一个粒子发生"左旋"，则另一个必定发生"右旋"。两者保持总体守恒。也就是说，两个处于"纠缠态"的粒子，无论相隔多远，同时测量时都会"感知"对方的状态。

1993年，美国科学家C.H.Bennett提出了"量子通信"（Quantum Teleportation）的概念，所谓"量子通信"是指利用"量子纠缠"效应进行信息传递的一种新型的通信方式。经过二十多年的发展，量子通信这门学科已逐步从理论走向实验，并向实用化发展，主要涉及的领域包括：量子密码通信、量子远程传态和量子密集编码等。

2010年7月，经过中国科学技术大学和安徽量子通信技术有限公司科研人员历时1年多的努力，合肥城域量子通信试验示范网建设成功并运行。此后，我国北京、济南、乌鲁木齐等城市的城域量子通信网也在建设之中，未来这些城市将通过量子卫星等方式连接，形成我国的广域量子通信体系。

2. 接上题，将正文第2自然段（"量子纠缠证实了爱因斯坦的幽灵……内在联系。"）和第3自然段对调。

3. 接上题，从第二行开始，将"量子纠缠"替换为"量子纠缠（Quantum Entanglemen）"；删除第4自然段的部分内容，即将"经过二十多年的发展……量子密集编码等。"删除。

4. 插入当前日期和时间的方法有哪两种？

5. 分页有何作用，如何插入一个分页符？

6. 分别利用"插入"选项卡中的"对象"和"公式"命令，插入下面的数学和化学公式：

① $\sin^2\theta = \dfrac{\text{tg}^2\theta}{1+\text{tg}^2\theta} = \dfrac{1-\cos 2\theta}{2}$

② $Q = \sqrt{\dfrac{x+y}{x-y} - \left(\displaystyle\int_{\frac{\pi}{4}}^{\frac{3\pi}{4}} (1-\cos^2 x)\mathrm{d}x + \sin 30°\right) \times \prod_{i=1}^{N}(x_i - y_i)}$

③设 $f(x+y, x-y) = x^3 - y^3$，求 $\dfrac{\partial f(x,y)}{\partial x} + \dfrac{\partial f(x,y)}{\partial y}$

④ $H_2SO_4 + Ca(OH)_2 = CaSO_4 + 2H_2O$

7. 如何将另外一篇文档的内容插入到当前文档的光标所在处？

实验十九　文档格式的设置

实验目的

（1）正确理解设置字符格式和段落格式的含义。

（2）通过使用工具按钮快速进行字符和段落格式的编排。

（3）正确使用对话框对字符或段落进行格式设置和编排。

实验内容与操作步骤

实验 19-1　设置字符格式。

操作方法及步骤如下：

（1）打开 Word1.docx 文档。

（2）选中第一个"计算机"字符，打开"开始"选项卡，单击"字体"组中的"粗体"按钮 **B**；选中第二个"计算机"字符，单击"斜体"按钮 *I*；选中第三个"计算机"字符，单击"下划线"按钮 **U** ▾。

（3）拖拽鼠标，选中上述三个"计算机"文字块，单击"字号"按钮 五号 ▾，将其设置为四号字（也可在出现的浮动工具栏 中选择要设置的字号大小）。

（4）选择要复制格式的第一个"计算机"，打开"开始"选项卡，单击"剪贴板"组中的"格式刷"按钮 （如要使用多次，可双击），指针变成带有条形指针的格式刷 时，选择要进行格式编排的第四个"计算机"字符，复制完字符格式后按 Esc 键，结束格式刷的功能。

实验 19-2　创建首字下沉。

（1）创建首字下沉的操作步骤为：

1）将插入点移到首字下沉的段落中，如第一段。

2）打开"插入"选项卡，单击"文本"组中的"首字沉"命令按钮 ，在弹出的列表框中选择"下沉"或"悬挂"选项，如图 19-1 所示。

用户也可选择"首字下沉选项"选项，打开"首字下沉"对话框，如图 19-2 所示。然后，在"选项"栏区域中设置下沉字的字体、下沉的行数及下沉字与后面文字的间距大小，设置完成后单击"确定"按钮。

图 19-1　"首字下沉"列表框

图 19-2　"首字下沉"对话框

实验 19-3　设置行间距和段间距。

（1）选中要更改行距或段间距的段落。

（2）打开"开始"选项卡中，单击"段落"组中的"行和段落间距"命令按钮 ‡≡▾，从弹出的命令列表框中选择相应的选项，如果不满意，还可直接单击"段落"组右下角的"对话框启动器"按钮，打开"段落"对话框，如图 19-3 所示。

图 19-3　"段落"对话框

（3）选中"缩进和间距"选项卡。

（4）若要改变行距，则在"行距"下拉列表框内选择"最小值"或"固定值"，也可在"设置值"下拉列表框内输入行距的大小；如若改变段间距，可在"段前""段后"文本框内输入具体值，如 12 磅。

实验 19-4　设置段落格式。

（1）在文档的开头插入"四代突变，还是五段演化"。

（2）打开"开始"选项卡，单击"段落"组中的"居中"按钮，使其放置在一行的中间，作为文档的标题。

（3）将第二段设置为首行缩进。选中第二段，单击"段落"组中的右下角的"对话框启动器"按钮，打开"段落"对话框，如图 19-3 所示，选择"特殊格式"下拉列表框中的"首行缩进"选项。

注意：在"段落"对话框中，参数值的单位有磅、行和厘米等，设置大小和单位时，可直接输入。

（4）选中文档的第三个自然段，单击"分散对齐"按钮，使第三段内容均匀分布。

实验 19-5　添加项目符号或项目编号。

（1）在文档中插入项目编号，可按下列步骤进行：

1）将文档中字符"一、二、三、四、五"删除，并选中这 5 个自然段。

2）打开"开始"选项卡，单击"段落"组中的"项目符号"命令按钮 ≣|▼，在选中的 5 个自然段前面加符号"●"。如果不满意，也可单击"项目符号"命令按钮 ≣|▼ 右侧的下拉框按钮，在弹出的列表框中选择一个相应的符号，如图 19-4（a）所示。

（2）将 Word1.docx 文档中的段落符号改为项目编号"1.、2.、3.、4.和 5."，操作如下：

1）选中带有段落符号"●"的自然段。

2）打开"开始"选项卡，单击"段落"组中的"项目编号"命令按钮 ≣|▼，单击"项目符号"命令按钮 ≣|▼ 右侧的下拉框按钮，在弹出的列表框中选择一个相应的编号，如图 19-4（b）所示。

（a）

（b）

图 19-4　选择项目符号与项目编号

实验 19-6　给文档中的"计算机经历了五个阶段的演化"文字加上边框。

（1）单击该行中任意一处，选中要加边框的文字。

（2）打开"开始"选项卡中，单击"字体"组中的"字符边框"命令按钮 Ａ，即可为选中的字符添加边框。

若对边框的样式不满意，可单击"段落"组中的"边框"命令按钮 ▦|▼ 右侧的下拉按钮，在弹出的列表框中，执行"边框和底纹"命令，打开"边框和底纹"对话框，如图 19-5 所示。然后，设置好相关的选项。

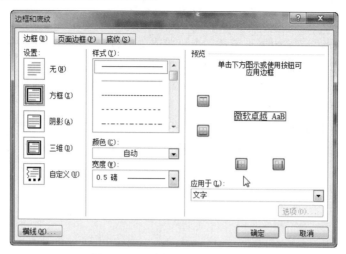

图 19-5　"边框和底纹"对话框

实验 19-7　为文档页面添加上下边框。

（1）打开如图 19-5 所示的"边框和底纹"对话框。

（2）单击"页面边框"选项卡，如图 19-6 所示。单击"设置"栏下的"自定义"选项，并在"预览"栏单击添加上下边框的相应按钮。

图 19-6　设置"页面边框"

（3）在"应用于"下拉列表中选择"整篇文档"选项。

实验 19-8　用底纹填充第一段文字的背景。

（1）单击第一段中任意一处，选中该段落。

（2）打开"边框和底纹"对话框，再选择"底纹"选项卡，如图 19-7 所示。

（3）在"填充"栏中选择"填充背景"为黄色，在"图案"栏的"样式"中选择一种样式，如浅色网格，在"颜色"中选择一种颜色，如青绿色。

（4）在"应用于"下拉列表框中选择"文字"选项，单击"确定"按钮。

图 19-7　设置"底纹"

实验 19-9　将 Word1.doc 文档按不等两栏版式编排，并在栏间添加竖线。

（1）将插入点放在文档中的任意位置上。

（2）从"格式"菜单中选择"分栏"命令，弹出"分栏"对话框，如图 19-8 所示。

（3）在"栏数"框中输入所需栏数 2，清除对"栏宽相等"复选框的勾选。

（4）在"宽度和间距"栏下面的"宽度"和"间距"框中，输入所需尺寸后，在"预览"框中出现所设置的页面栏的样式。

（5）选中"分割线"复选框，然后单击"确定"按钮。

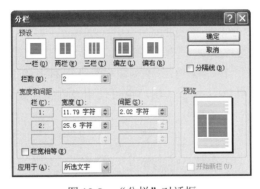

图 19-8　"分栏"对话框

思考与综合练习

1．如何对选定的文本段落设置项目符号（编号）或多级符号（编号）？

2．如何使用"格式刷"按钮 复制字符和段落格式？

3．录入下面的短文，并按要求完成操作。

宾至如归

里根和加拿大总理皮埃尔·特鲁多私交甚笃。因此，在美加外交关系上，两位首脑就没少利用这个优势"求同"。里根以美国总统的身份第一次访问加拿大期间，他自然少不了发表演讲。可加拿大的百姓一点也不给他们的总理留面子，许多举行反美示威的人群不时打断里根的演说。

特鲁多总理对此深感不安，倒是里根洒脱，笑着对陪同他的特鲁多说："这种事情在美国时有发生，我想这些人是特意从美国赶来贵国的，他们想使我有一种宾至如归的感觉。"

（1）将标题段（"宾至如归"）文字设置为红色、四号、楷体、居中，并添加绿色边框（"方框"）、黄色底纹。

（2）设置第 2 和 3 自然段（"里根和加拿大总理……的感觉"）右缩进 1 字符，行距为 1.3 倍，段前间距 0.7 行。

（3）设置第 2 和第 3 自然段首行缩进 2 字符。

（4）将第 2 自然段首字下沉 2 行；第 3 自然段（"加拿大的百姓……的感觉"）分等宽三栏。最后，以文件名 Word3.docx 将文件存盘。

实验二十　页面格式的设置及打印

实验目的

（1）正确设置页边距，以便得到需所要的页面大小。

（2）掌握分栏排版的使用方法。

（3）正确设置页眉和页脚，学会插入页码。

（4）熟练掌握纸张大小、方向和来源以及页面字数和行数等设置的方法。

（5）熟练掌握打印预览文档的功能，学会打印机的设置和文档的打印。

实验内容与操作步骤

实验 20-1　选择纸张大小和页面方向。

（1）启动 Word，调出实验九所保存的 Word1.docx。

（2）打开"页面布局"选项卡，单击"页面设置"组右下角的"页面设置"按钮 ，打开"页面设置"对话框，如图 20-1 所示（用户也可使用"页面设置"组中的相关命令，如"纸张大小"按钮 ）。

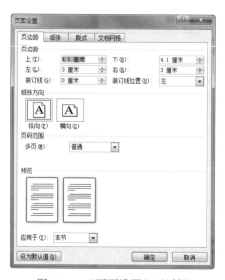

图 20-1　"页面设置"对话框

（3）选中"纸张"选项卡，在"纸张大小"栏中选择"自定义"选项，在"宽度"和"高度"框中分别输入 22 厘米和 26 厘米，在"页边距"选项卡的"纸张方向"选项区域中单击"纵向"单选按钮，在"应用于"下拉列表框中选定"整篇文档"。

（4）单击"确定"按钮。

实验 20-2　使用"页面设置"对话框设置页边距。

（1）将插入点设置在要改变页边距的节中。

（2）在如图 20-1 所示的对话框中选中"页边距"选项卡，

（3）在上、下、左、右文本框中分别输入 2 厘米、1.5 厘米、1.5 厘米、1 厘米，在"装订线"框中输入 0 厘米，在"装订线位置"下拉列表框中选择"左"选项。

（4）在"版式"选项卡中的"页眉"和"页脚"文本框中分别输入 1.0 厘米、1.0 厘米，在"应用于"下拉列表框中选择要应用的页面范围，如"整篇文档"，单击"确定"按钮。

实验 20-3　在 Word1.docx 文档中创建页眉和页脚。

（1）打开"插入"选项卡，单击"页眉和页脚"组中的"页眉"或"页脚"命令按钮，在弹出的"页眉"或"页脚"命令列表框中选择合适项目，本例"页眉"选择"空白"选项。

（2）在页眉区输入文字"开放式计算机考试系统"，并居中。

（3）这时系统出现页眉和页脚工具选项卡"设计"，单击"导航"组中的"转至页脚"命令按钮![转至页脚]，使插入点移到页脚区，插入一个页码，样式为"加粗显示的数字 2"。

（4）修改编辑页码格式为"第 X 页，共 Y 页"，如图 20-2 所示。

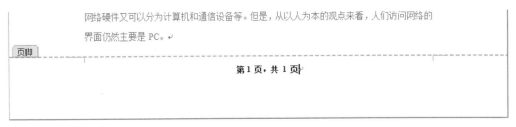

图 20-2　设计好的"页脚"

（5）双击正文处，Word 回到正文编辑状态。

实验 20-4　打印并预览文档。

（1）从"文件"选项卡中选择"打印"命令，或按下组合键 Alt+Ctrl+I，Word 进入到打印预览界面，如图 20-3 所示。

（2）单击页面导航条中的"上一页"按钮◀或"下一页"按钮▶，可显示不同的页面，单击"显示比例"工具条中的"缩小"按钮⊖或"放大"按钮⊕，可缩小或放大预览的页面；单击"缩放到页面"按钮▣，预览的页面可以完整显示。

（3）在"打印"栏处，设置要打印的份数；在"打印机"栏处，选择要使用的打印机，默认为 Windows 下的默认打印机。

（4）在"设置"栏处，可设置单面打印、双面打印、打印当前页、打印所有页（默认）、打印所选内容以及打印页面范围等。

图 20-3　打印预览界面

（5）单击"打印"按钮，开始打印文档。

按下 Esc 键或再次单击"文件"选项卡，关闭打印预览界面。

思考与综合练习

1. 输入如图 20-4 所示的文本内容，文档文件名为"显示器的选择.doc"。然后，按下面的要求进行页面设置。

（1）将排版后的文档以"显示器的选择.docx"文件名进行保存。

（2）页面设置：自定义纸张，大小为 25 厘米×21 厘米；方向：横向；上、下、左、右边距分别为 1.6 厘米、1.6 厘米、2.1 厘米和 2.1 厘米；页眉为 1.2 厘米。

（3）标题"显示器的选择"的设置：格式为居中，字体"华文琥珀"，三号，红色，放大到 150%，加紫色双线三维 3 磅边框。

（4）第一段：在文本"工作效率"上加上拼音标注，拼音为 8 磅大小，字体为 Arial；将文本"一定程度上"分别设置成如样张所示不同的带圈字符，其中"一"为"缩小文字"，其余为"增大圈号"；将文本"而且也是电脑中最不容易升级的部件"设置为"方正舒体"，倾斜，四号大小，字符间距加宽，磅值 1.5 磅。底纹为图案式样 30%，颜色为灰色-50%，应用范围为文字。

（5）将第一段设置为段前间距 1 行，段后间距 1 行，首行缩进 2 字符。

（6）将"点距"两字设置成为红色，加粗，加着重号；用"格式刷"工具 将以下每段的开头设置为与"点距"相同的格式；将"点距是指……"设置为如样张所示加蓝色下划线。

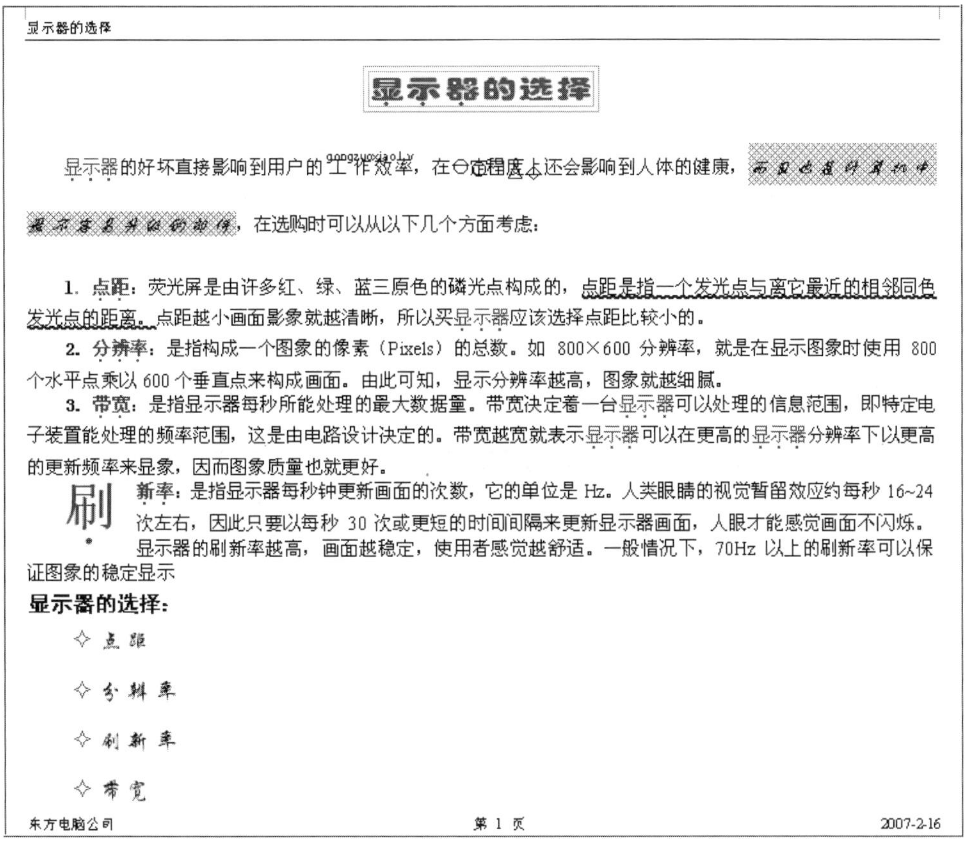
显示器的选择

显示器的选择

显示器的好坏直接影响到用户的工作效率，在一定程度上还会影响到人体的健康，而且也直接关系到所显示的图像质量和色彩，在选购时可以从以下几个方面考虑：

1. 点距：荧光屏是由许多红、绿、蓝三原色的磷光点构成的，点距是指一个发光点与离它最近的相邻同色发光点的距离。点距越小画面影象就越清晰，所以买显示器应该选择点距比较小的。

2. 分辨率：是指构成一个图象的像素（Pixels）的总数。如 800×600 分辨率，就是在显示图象时使用 800 个水平点乘以 600 个垂直点来构成画面。由此可知，显示分辨率越高，图象就越细腻。

3. 带宽：是指显示器每秒所能处理的最大数据量。带宽决定着一台显示器可以处理的信息范围，即特定电子装置能处理的频率范围，这是由电路设计决定的。带宽越宽就表示显示器可以在更高的显示器分辨率下以更高的更新频率来显象，因而图象质量也就更好。

刷新率：是指显示器每秒钟更新画面的次数，它的单位是 Hz。人类眼睛的视觉暂留效应约每秒 16~24 次左右，因此只要以每秒 30 次或更短的时间间隔来更新显示器画面，人眼才能感觉画面不闪烁。显示器的刷新率越高，画面越稳定，使用者感觉越舒适。一般情况下，70Hz 以上的刷新率可以保证图象的稳定显示

显示器的选择：

- 点距
- 分辨率
- 刷新率
- 带宽

东方电脑公司 第 1 页 2007-2-16

图 20-4 第 2 题样张

（7）中间 3 段加如样张所示的编号，“编号位置”左对齐，“文字位置”缩进 0.74 厘米：“点距”一段为无特殊格式；“分辨率”一段为左缩进 2 字符，悬挂缩进 0.74 厘米。

（8）将“刷新率”所在段，首字下沉 3 行，字体为宋体，距正文 0.5 厘米。

（9）在正文最后添加 “显示器的选择：点距、分辨率、刷新率、带宽。”格式：“显示器的选择”为样式中的“标题 2”；其余为小四号、黑色，“华文行楷”字体，字符缩放 150%，字符间距加宽 2 磅；同时加红色项目符号，左缩进 1 厘米，左对齐。

2.（综合题）有文档 Word.docx，其部分内容如图 20-5 所示。

为了更好地介绍公司的服务与市场战略，市场部助理王某需要协助制作完成公司战略规划文档，并调整文档的外观与格式。

现在，请你按照如下需求，在 Word.docx 文档中完成制作：

（1）调整文档纸张大小为 A4 幅面，纸张方向为纵向；调整上、下页边距为 2.5 厘米，左、右页边距为 3.2 厘米。

（2）建立“Word_样式标准.docx“文件，在该文档中建立两个标题样式，要求如下：

1）标题样式一。

字体：中文（黑体），西文（Cambria），小二，字体颜色为蓝色，强调文字颜色 1；

行距：多倍行距（1.25 字行）；

段后：10 磅，孤行控制，与下段同页，段中不分页。

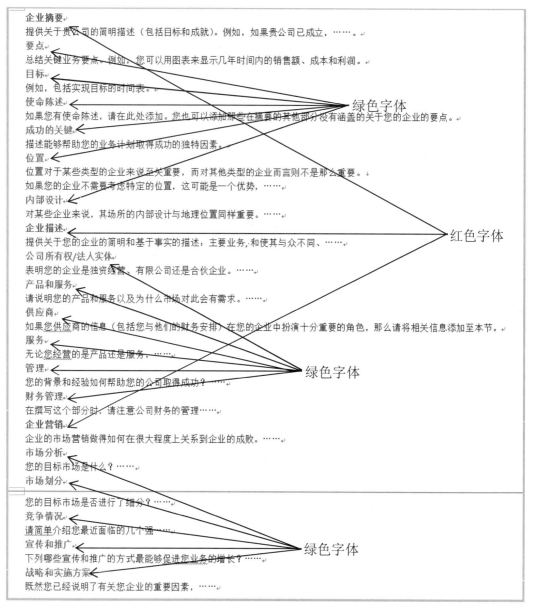

图 20-5　第 3 题 Word.docx 文档部分内容

2）标题样式二。

字体：中文（楷体），西文（Calibri），13 磅，加粗，字体颜色为深蓝，文字 2；

行距：单倍行距；

段前：6 磅；

段后：6 磅，孤行控制，与下段同页，段中不分页。

（3）将其文档样式库中的"标题，标题样式一"和"标题，标题样式二"复制到 Word.docx 文档样式库中。"Word_样式标准.docx"文件的样式设置如下：

1）将 Word.docx 文档中的所有红颜色文字段落应用为"标题，标题样式一"段落样式。

2）将 Word.docx 文档中的所有绿颜色文字段落应用为"标题，标题样式二"段落样式。

3）将文档中出现的全部"软回车"符号（手动换行符）更改为"硬回车"符号（段落标记）。

4）修改文档样式库中的"正文"样式，使得文档中所有正文段落首行缩进 2 个字符。

5）为文档添加页眉，并将当前页中样式为"标题,标题样式一"的文字自动显示在页眉区域中。

6）在文档的第 4 个段落后（标题为"目标"的段落之前）插入一个空段落，并按照下面的数据方式在此空段落中插入一个折线图图表，将图表的标题命名为"公司业务指标"。

	销售额	成本	利润
2010 年	4.3	2.4	1.9
2011 年	6.3	5.1	1.2
2012 年	5.9	3.6	2.3
2013 年	7.8	3.2	4.6

实验二十一　图文混排

实验目的

（1）掌握图片的插入方法。

（2）掌握图形格式的设置。

（3）了解如何创建和编辑图形对象。

（4）掌握艺术字和文本框的设置和使用。

实验内容与操作步骤

实验 21-1　从剪贴画库中插入剪贴画或图片。

插入图片的方法如下：

（1）将插入点定位在要插入剪贴画或图片的地方。如 Word1.doc 文档的开头位置。

（2）打开"插入"选项卡，在"插图"组中，单击"图片"按钮，将打开如图 21-1 所示的"插入图片"对话框，用户可选择已存在的一幅图片，将其插入文档中。

图 21-1　"插入图片"对话框

本例使用剪贴画。

（1）单击"剪贴画"按钮 ，Word 出现"剪贴画"任务窗格，如图 21-2 所示。

（2）在"剪贴画"任务窗格的"搜索文字"框处输入要查找的图片名称，如"高尔夫"。单击"搜索"按钮 搜索，系统开始搜索并将搜索的结果显示在下方的列表框中。

（3）找到要插入文档中的剪贴画，双击（或右击，执行快捷菜单的"插入"命令）即可把此剪贴画插入到文档中，如图 21-3 所示。

图 21-2　"剪贴画"任务窗格

图 21-3　插入的剪贴画

（4）选中剪贴画对象，双击，打开图片工具"格式"选项卡，将图片高度和宽度分别设置为 4.08 厘米和 3.78 厘米；图片样式设置为"复杂框架，黑色"。

实验 21-2　利用"自选图形"绘制如图 21-4 所示的流程图。

（1）将插入点定位到要插入图形的位置。单击"插入"选项卡中的"形状"按钮，出现形状列表框，如图 21-5 所示。

（2）在"线条"栏中，单击"箭头"按钮，这时 Word 系统在插入点处出现一个"画布"。将鼠标移至画布上，鼠标指针变为"十"字形（按 Esc 键，可取消绘画状态），按住 Shift 键的同时（绘制直线），按下鼠标左键并将线条拖拽到合适的大小，松开左键，绘制一个如图 21-6 所示的带箭头的向下线条。

注： 如果不使用"画布"，则需要单击"文件"选项卡并执行"选项"命令，打开"Word 选项"对话框。单击"高级"选项卡，找到"插入自选图形时自动创建绘图画布"项，在其前面的复选框处"☑"单击去掉"✓"号。

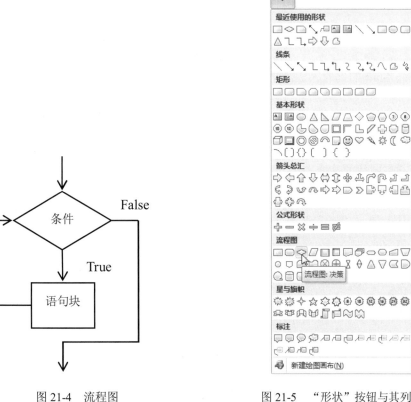

图 21-4　流程图　　　　　　　　　　图 21-5　"形状"按钮与其列表

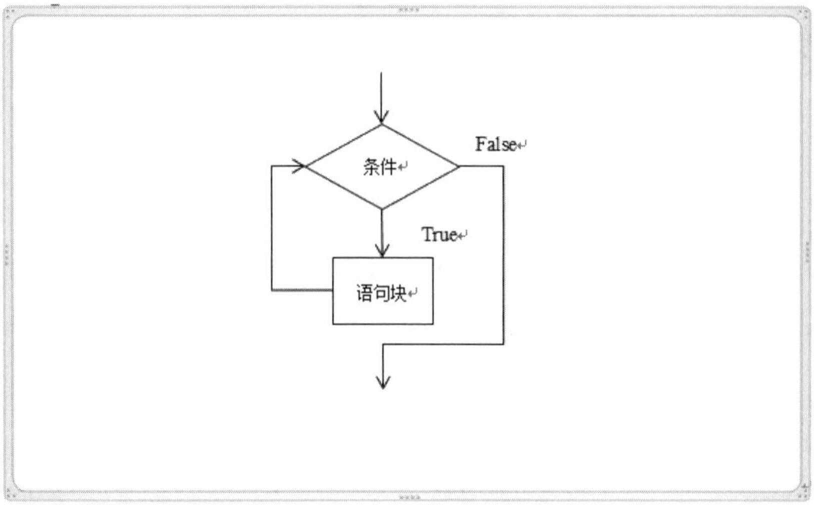

图 21-6　"画布"界面

（3）依次选择"流程图：决策"◇、"箭头"＼、"流程图：决策"□、"肘形箭头连接符⌐"、"直线"＼和"肘形箭头连接符⌐"，画出所需的图形。

（4）修改自选图形的样式，在"流程图：决策"◇和"流程图：过程"□图形中分别添加文字"条件"和"语句块"。

（5）调整上述图形的布局，使得上箭头、条件框、中箭头和过程框居中对齐，其他形状调整到合适的位置。

（6）绘制 2 个"矩形" □，在其中添加文字"False"和"True"。设置样式为"无形状填充色"和"无形状轮廓色"，并将其位置移动到合适的地方。

（7）按下 Shift 的同时，依次单击其他图形，将所有图形全部选择，然后右击，执行快捷菜单中的"组合"命令，组合一个整体。

（8）右击"画布"边框，在弹出的快捷菜单中执行"缩放绘图"命令，调整画布的大小与所组合的自选图形大小相一致。

实验 21-3 图片的裁剪。

（1）选定需要裁剪的图片。

（2）在图片工具"格式"选项卡中，单击"大小"组中的"裁剪"按钮 ，图片周围出现裁剪尺寸控制点，将鼠标移动到裁剪尺寸控制点上，按下左键进行拖拽，裁剪后的图片如图 21-7 所示。

图 21-7 剪切后的图片

实验 21-4 插入文本框。

（1）打开前面实验所保存的文档 Word1.docx，将文档标题删除并取消"画布"的功能。

（2）打开"插入"选项卡，单击"文本"组中的"文本框"命令 ，在其显示的列表框中执行"绘制文本框"命令，鼠标指针变为"十"字形。

（3）按下鼠标左键，绘制一个大小合适的文本框。

（4）在文本框中输入文字内容"演化与突变"，文本字体和大小分别设置为"华文新魏"、二号。

调整文本框的大小，例如高度和宽度分别为 1.32 厘米和 1.27 厘米，使文本框刚好能容纳显示一个字。

将文本框的版式设置为"紧密型"的环绕效果。

（5）将文本复制到正文其他地方 4 次，并删除复制后的文本框的文本内容（即为空文本框）。

将 5 个文本框全部选定，打开绘图工具"格式"选项卡，在"排列"组中，分别执行"对齐"项目中的"横向分布"和"纵向分布"命令，将 5 个文本左右上下间隔设置为等距离排列。

（6）选择第一个文本框，在绘图工具"格式"选项卡中，单击执行"文本"组中的"创建链接"命令 ，鼠标指针变为咖啡桶 。将鼠标移动到要链接的文本框，此时鼠标指针改变为倾泻状（pour：倒） ，单击左键，则第一个文本框中未显示出的内容倾泻到第二个文本框中。

同样地，将第 2 个文本框与第 3 个文本框相链接，第 3 个文本框与第 4 个文本框相链接，第 4 个文本框与第 5 个文本框相链接。

最后，文本框与正文的效果，如图 21-8 所示。

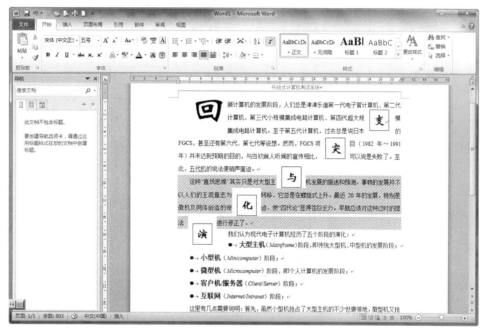

图 21-8　效果

实验 21-5　增加特殊文字效果——艺术字的使用。

（1）打开"插入"选项卡，单击"文本"组的"艺术字"命令 ，打开艺术字样式列表框，如图 21-9 所示。

（2）在"艺术字"样式列表框中，单击选择一种样式，文档中出现一个艺术字编辑框，如图 21-10 所示。输入要设置艺术字的文字，如"大学计算机基础"。

（3）单击要更改的艺术字，打开绘图工具"格式"选项卡，用户可利用该选项卡中的相关命令修改其形状样式、艺术字样式等，如将艺术字设置如下：

- "文本效果"：波形 2。
- "文本填充"：浅蓝。

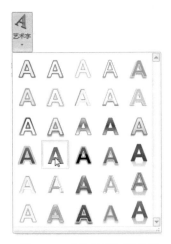

图 21-9　"艺术字"列表框 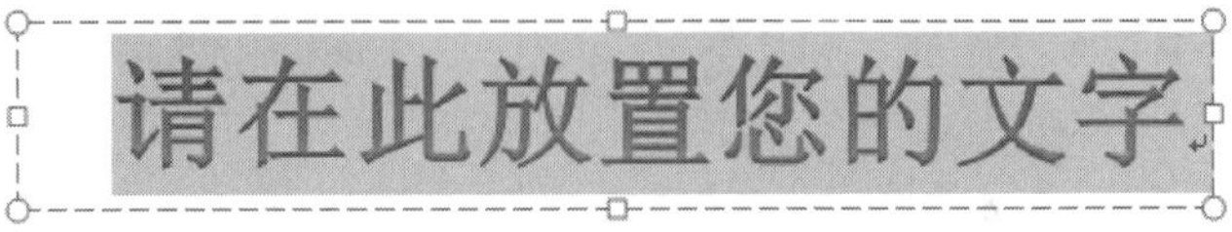　　　　图 21-10　艺术字编辑框

- "文本轮廓"：红色、长划线-点、粗细 0.75 磅。
- "大小"：高 2.1 厘米、宽 11.6 厘米。
- "位置"：上下型。
- "字体"：楷体，小初，加粗。

（4）艺术字格式修改完后的效果，如图 21-11 所示。

大学计算机基础

图 21-11　最终形成的"艺术字"效果

实验 21-6　使用 SmartArt 插入一个企业组织结构图，如图 21-12 所示。

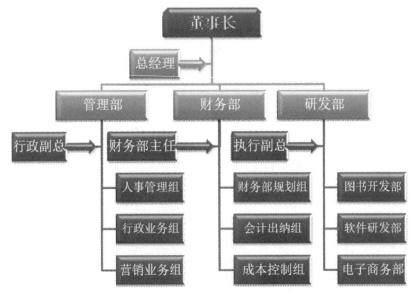

图 21-12　最终形成的企业组织结构

（1）打开"插入"选项卡，单击"SmartArt"按钮，弹出"选择 SmartArt 图形"对话框，在左侧列表框中选择"层次结构"选项，如图 21-13 所示。

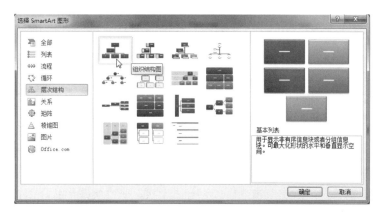

图 21-13 "选择 SmartArt 图形"对话框

（2）选择"层次结构"中的"组织结构图"，插入一个组织结构图，如图 21-14 所示。

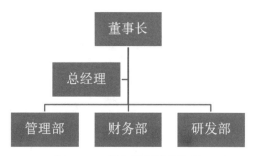

图 21-14 插入的组织结构图

（3）在组织结构图中输入文本内容。

（4）双击结构图中的任意蓝框架，会出现"SmartArt 工具"中的"设计"选项卡。

（5）单击"创建图形"组中的"添加形状"下拉按钮，选择"添加助理"选项（或右击，在出现的快捷菜单中，执行"添加形状"命令）。

（6）在"管理部""财务部"和"研发部"下方分别加上"添加助理"选项。

（7）继续在组织结构图中添加下属部门，选中"管理部"，单击"添加形状"中的"在下方添加形状"，按此步骤在"管理部"下方添加 3 个部门（可根据实际情况选择个数），输入内容。

（8）按照第（7）步的操作，在"财务部"和"研发部"中分别加入下属部门，如图 21-15 所示。

（9）此时组织图已基本完成，输入文字内容，并设置合适的字体、字号，适当调整其大小。

（10）设置组织结构图具体颜色，依次单击"SmartArt 工具"中的"设计"选项卡，在"SmartArt 样式"中选择一种样式，如"优雅"。

单击"更改颜色"下拉按钮，选择与组织结构图相配醒目的颜色，如"颜色范围-强调文字颜色 2 至 3"。

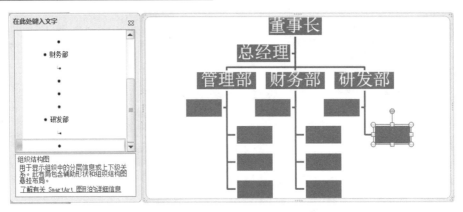

图 21-15　插入下级部门的组织结构图

（11）为了使需要突出的部门一目了然，可以将结构图的方块形状改变一下。选中需要更改的方块（如"董事长"），依次单击"格式"→"形状"→"更改形状"下拉按钮，在下拉菜单中选择"剪去同侧角的矩形"△选项。

（12）选中"总经理""行政副总""财务部主任"和"执行副总"，重复上述操作，将其形状更改为"右箭头标注"🗗;

（13）设置艺术字的样式，在"艺术字样式"功能组中单击下拉按钮 Ａ Ａ Ａ，出现下拉菜单，选择文本的外观样式，如"渐变填充-橙色，强调文字颜色 6，内部阴影"。

至此，完成组织结构图的制作。

思考与综合练习

1．绘制如图 21-16 所示的样式。

图 21-16　第 1 题图

要求如下：

（1）插入文本框：位置任意；高度 2.2 厘米、宽度 5 厘米；内部边距均为 0；无填充色、无线条色。

（2）在文本框内输入文本"迎接 2008 奥运会""中国"；楷体、粗体小二号字、红色；单倍行距、水平居中。

（3）插入一幅"足球"图片，位置任意；锁定纵横比、高度 5 厘米。

（4）绘制圆形：直径 4.5 厘米，填充浅黄色、无线条色。

（5）将文本框置于顶层；圆形置于底层；三个对象在水平与垂直方向相互居中，然后进行组合。

（6）调整位置：水平页边距 5 厘米、垂直页边距 1 厘米。

2．如图 21-17 所示，完成样张设计。

图 21-17　第 2 题图

要求如下：

（1）按照样张中文字内容录入文本，宋体，5 号；每自然段错位排列。

（2）按照纸张大小为 32 开（13 厘米×18.4 厘米）；上、下、左、右边距分别为 2.6 厘米、2.6 厘米、1.4 厘米、1.4 厘米；纸张方向为横向；文字方向为垂直设置页面布局。

（3）页面边框：页面边框为自定义，齿轮形；边框距离文字的边距大小上、下、左、右分别为 6 磅、6 磅、4 磅、4 磅。

（4）设置"感悟"：艺术字，华文行楷，50 磅，加粗，倾斜；艺术字样式为"填充-红色，强调文字颜色，粗糙棱台"，文本效果为阴影-向右偏移。浮于文字上方。

"感悟"艺术字大小设置为高度 3 厘米、宽度 5.86 厘米。位置：水平（相对页面），绝对位置 7.2 厘米，垂直（相对页面）绝对位置 2.78 厘米。

3．新建 Word 文档，输入下面的文本内容，然后以文件名"布达拉宫的藏族建筑"进行保存。

中国西藏的艺术宝殿

布达拉宫的藏族建筑的精华，也是我国以及世界著名的宫堡式建筑群。宫内拥有无数的珍贵文物和艺术品，使它成为名副其实的艺术宝库。

布达拉宫起基於山的南坡，依据山势蜿蜒修筑到山顶，高达 110 米。全部是石、木结构、下宽上窄、镏金瓦盖顶、结构严谨。

布达拉宫修建的历史

布达拉宫始建于公元7世纪，至今已有1300多年的历史。布达拉宫为"佛教圣地"。据说，当时吐蕃王国朝正处于强盛时期，吐蕃王松赞干布与唐联姻，为迎接文成公主，松赞干布下令修建这座有999间殿堂的宫殿，"筑一城以夸后世"。布达拉宫始建时规模没有这么大，以后不断进行重建和扩建，规模逐渐扩大。

辉煌壮观的灵塔

布达拉宫主楼13层。宫内有宫殿、佛堂、习经堂、寝宫、灵塔殿、庭院等。红宫是供奉佛神和举行宗教仪式的地方。红宫内有安放前世达赖遗体的灵塔。塔身以金皮包裹，宝玉镶嵌，金碧辉煌。

对输入文本进行格式设置，样张如图21-18所示。

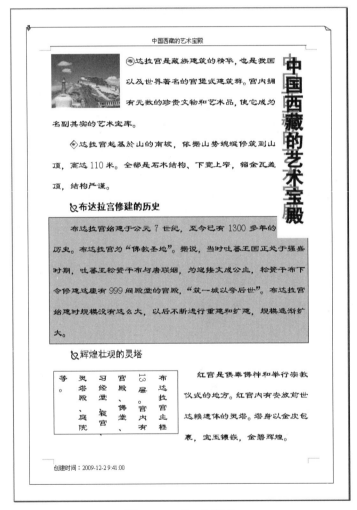

图21-18　第3题样张

具体要求如下：

（1）页面设置：16开（18.4厘米×26厘米）；方向：纵向；上、下、左、右边距分别为2.2厘米、2.2厘米、2.2厘米和2.2厘米；页眉与页脚1.2厘米。

（2）页面边框设置为艺术型（样式自选）。

（3）设置标题格式为艺术字、黑体、粗体、40 磅、阴影，且按样张安放。

（4）正文为隶书、四号，首行缩进 1 厘米；第 4 段加有阴影的边框和 25% 的前景为红色的底纹。对在第 3 和 5 段前加一符号"☇"，小标题改为黑体、加粗；前两段正文首字为文字加如样张所示的圈。将最后一段正文前两句放入到一个文本框里。

（5）按样张插入一图片，图片具有浮动性，放在第一段的右侧。

（6）页眉内容为"中国西藏的艺术宝殿"；页脚内容由"自动图文集"中的"创建日期"来完成。

4．输入下面的文字并按图 21-19 所示的样张排版，要求如下：

（1）标题文字：隶书，一号；文本效果为"填充-无，轮廓-强调文字颜色 2"，居中。

（2）正文文字：楷体，四号，加向右偏移阴影效果。

（3）正文第一段，紫色，左对齐；正文第二段中，"高明同学"为浅黄色，日期及"大礼堂"为蓝色，左对齐；正文最后两段，右对齐。

（4）段落：正文第二段，首行缩进 2 个字符；正文第一段，段前间距 1 行。

（5）行距：各段行距均为 1.5 倍行距。

（6）边框：为标题加段落边框，上下边框线为双线型，橙色，0.5 磅；左右边框线为虚线型，1.5 磅，橙色。

（7）底纹：为所有文字加底纹，浅绿色。

（8）横线：为正文上下加效果。

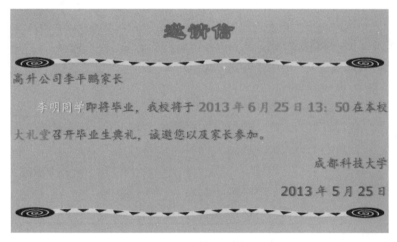

图 21-19　第 5 题样张

实验二十二　表格的制作

实验目的

（1）学习并掌握表格的制作、修改与调整方法。

（2）学会文本转换成表格及将表格转换成普通文本的方法。

（3）学会在表格中进行简单的计算和排序。

（4）掌握表格的格式设置。

实验内容与操作步骤

实验 22-1 建立一个 6 行 7 列的空白表格，并输入表格的内容，见表 22-1。

表 22-1　输入表格内容

学号	姓名	性别	专业	高等数学	大学英语
A01	兰晓	女	通信 1	82	79
A02	李英	女	电子 2	56	68
A03	王涛	男	化工 1	75	69
A04	陈强	男	通信 2	89	95
A05	刘波	男	通信 1	91	100

（1）新建或打开一个 Word 文档，并将插入点移到要创建表格的位置。

（2）打开"插入"选项卡，单击"表格"按钮，

图 22-1　"插入表格"对话框

弹出"表格"列表框。单击"插入表格"（如果插入的表格是一个行列数较少且规则，可使用鼠标直接在行列"表格网格"中选择）命令，弹出"插入表格"对话框，如图 22-1 所示。

（3）在图 22-1 所示的对话框中，"列数"框输入或选择 6，在行数框输入或选择 6。单击"确定"按钮，生成一张 6×6 的空白表格。

（4）在表格的第一行六列中分别输入"学号""姓名""性别""专业""高等数学"和"大学英语"，在第一行下面五行中输入表 22-1 的内容。

（5）最后，以文件名 table1.doc 存盘。

实验 22-2 创建一个如表 22-2 所示的复杂表格。

表 22-2　复杂表格示例

品名	微波炉	功率	900 瓦
单价		外形尺寸	
最高	最低	长×宽×高（毫米）	
1500	298	500×300×300	

（1）新建或打开一个 Word 文档，将插入点移到要创建表格的位置。

（2）单击"插入"选项卡中的"表格"下拉列表框中的"绘制表格"命令，此时 Word 进入表格绘制状态，鼠标指针变为铅笔状"✐"，按下 Esc 键可结束绘制表状态。

（3）首先确定表格的外围边框，从表格的一角拖拽至其对角，然后再绘制各行各列。

（4）如果要擦除框线，在表格工具"设计"选项卡中，单击"绘图边框"组中的"擦除"按钮 ⬛，并在要擦除的框线上拖动。

（5）创建表格后，在表格中输入文本，见表 22-2。

（6）最后，以文件名 table2.doc 存盘。

实验 22-3 编辑表格。

（1）打开 table1.doc 文件，将"兰晓"改为"兰丽"，方法：将插入点定位在"晓"字处，按下 Insert 键，将文字录入模式变为"改写"状态，输入"丽"。改写完成后，再按 Insert 键一次，将文字录入模式变为"插入"状态。

（2）将"大学英语"和"高等数学"这两列交换位置，操作步骤：移动光标到该"高等数学"列顶端的边框处，当指针变为向下的箭头↓时，单击，该列呈反白显示，当光标变为左上方箭头↖时，按下左键并拖拽，虚线插入点到"大学英语"后松开左键，两列内容交换。

（3）在表格的下部增加五行，并输入如表 22-3 所示的带网格线中的五行内容。

表 22-3　表格的编辑

学号	姓名	性别	专业	大学英语	高等数学
A01	兰晓	女	通信 1	79	82
A02	李英	女	电子 2	68	56
A03	王涛	男	化工 1	69	75
A04	陈强	男	通信 2	95	90
A05	刘波	男	通信 1	100	91
A06	李艳	女	通信 2	86	83
A07	钱程	男	通信 1	74	90
A08	张伟	男	电子 2	66	50
A09	王英	女	化工 1	100	76
A10	周俊	男	化工 1	49	61

（4）将鼠标指针移到需要调整行高和列宽的水平或垂直标尺上，当鼠标变成 ↕ 或 ↔ 形状时，按下鼠标左键并拖拽标尺至合适的位置。

（5）选中整个表格，打开表格工具"布局"选项卡，单击"对齐方式"组中的"水平居中"按钮 ▤，使表格的各行内容在单元格中水平及垂直居中。

实验 22-4 对表 22-3 进行计算和排序。

（1）将插入点移到表格最后一列的外侧，打开表格工具"布局"选项卡，单击"行和列"组中的"在右侧插入"按钮 ⬛，在表格的外侧插入一列。

（2）单击新插入列中的第一个单元格，输入文字"平均分"三字。

（3）将插入点移到新建列的第二个单元格中，单击"数据"组中的"公式"命令 f_x，打开"公式"对话框，如图 22-2 所示。

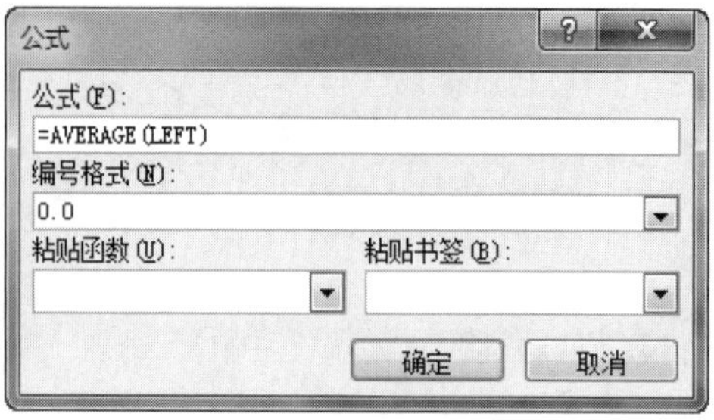

图 22-2 "公式"对话框

在"公式"文本框中输入公式"=AVERAGE（LEFT）"，在"编号格式"文本框中输入"0.0"，单击"确定"按钮，该单元格中的平均值为 80.5，同样填写其他各行的平均分，见表 22-4。

表 22-4 插入一列后的表格

学号	姓名	性别	专业	大学英语	高等数学	平均分
A01	兰晓	女	通信 1	79	82	80.5
A02	李英	女	电子 2	68	56	62.0
A03	王涛	男	化工 1	69	75	72.0
A04	陈强	男	通信 2	95	90	92.5
A05	刘波	男	通信 1	100	91	95.5
A06	李艳	女	通信 2	86	83	84.5
A07	钱程	男	通信 1	74	90	82.0
A08	张伟	男	电子 2	66	50	58.0
A09	王英	女	化工 1	100	76	88.0
A10	周俊	男	化工 1	49	61	55.0

（4）将插入点移到表格的最后一个单元格中，按 Tab 键，添加一新行。

（5）将插入点移到新建行的第 5 列中，使用"公式"命令，确认公式文本框中为 AVERAGE（ABOVE）后，单击"确定"按钮，则添入表格第一列的平均值为 78.6；用同样方法求其他各列的平均值，如表 22-5 所示。

表 22-5 插入一行后的表格

学号	姓名	性别	专业	大学英语	高等数学	平均分
A01	兰晓	女	通信 1	79	82	80.5
A02	李英	女	电子 2	68	56	62.0
A03	王涛	男	化工 1	69	75	72.0
A04	陈强	男	通信 2	95	90	92.5

续表

学号	姓名	性别	专业	大学英语	高等数学	平均分
A05	刘波	男	通信 1	100	91	95.5
A06	李艳	女	通信 2	86	83	84.5
A07	钱程	男	通信 1	74	90	82.0
A08	张伟	男	电子 2	66	50	58.0
A09	王英	女	化工 1	100	76	88.0
A10	周俊	男	化工 1	49	61	55.0
平均				78.6	75.4	77.0

实验 22-5　对表 22-5 所示的表按"性别"排序，性别相同时，再按平均分进行升序排序。

（1）在表 22-5 所示的表格中，选取除最后一行外的所有行。打开表格工具"布局"选项卡，单击"数据"组中的"排序"按钮，弹出如图 22-3 所示的"排序"对话框。

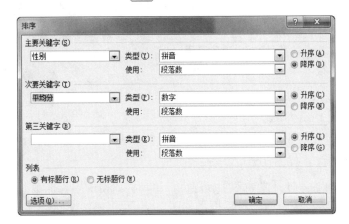

图 22-3　"排序"对话框

（2）在"排序"对话框中，单击下方的"列表"栏中的"有标题"单选框。然后，选择"主要关键字"下拉列表框中的"性别"，并选择右侧的"降序"单选框；在"次要关键字"下拉列表框中选择"平均分"，并选择右侧的"升序"单选框。单击"确定"按钮，表格排序成功，见表 22-6。

表 22-6　按关键字"性别"和"平均分"排序后的表格

学号	姓名	性别	专业	大学英语	高等数学	平均分
A09	王英	女	化工 1	100	76	88.0
A06	李艳	女	通信 2	86	83	84.5
A01	兰晓	女	通信 1	79	82	80.5
A02	李英	女	电子 2	68	56	62.0
A05	刘波	男	通信 1	100	91	95.5

续表

学号	姓名	性别	专业	大学英语	高等数学	平均分
A04	陈强	男	通信2	95	90	92.5
A07	钱程	男	通信1	74	90	82.0
A03	王涛	男	化工1	69	75	72.0
A08	张伟	男	电子2	66	50	58.0
A10	周俊	男	化工1	49	61	55.0
平均				78.6	75.4	77.0

实验 22-6　普通文本和表格间的相互转换。

（1）新建一个文档，将表 22-1 所示的表格复制到本文档中。

（2）将插入点移到表格中，单击表格工具"布局"选项卡"数据"组中的"转换成文本"按钮 ，弹出如图 22-4 所示的"表格转换成文本"对话框。

（3）在"文本分隔符"栏下，单击"其他字符"单选框并在其右侧的文本框中输入中文逗号"，"，单击"确定"按钮，则表格转换为下面的文本内容。

学号，姓名，性别，专业，高等数学，大学英语

A01，兰晓，女，通信1，82，79

A02，李英，女，电子2，56，68

A03，王涛，男，化工1，75，69

A04，陈强，男，通信2，89，95

A05，刘波，男，通信1，91，100

（4）选定上述内容，打开"插入"选项卡，单击"表格"列表框中的"文字转换成表格"命令，弹出"将文字转换成表格"对话框，如图 22-5 所示。

图 22-4　"表格转换成文字"对话框

图 22-5　"将文字转换成表"对话框

（5）如图 22-5 所示的对话框中，一般情况下，系统会自动测试出数据项之间的分隔符，

如中文逗号"，"，自动计算转换为表格的行和列数。如果用户不作其他修改的话，可直接单击"确定"按钮，则文本放在一个 6 行 6 列的表格中。

思考与综合练习

1．利用表 22-6 所示的表格，完成以下操作。

（1）将表格的第一行的行高设置为 20 磅，文字为黑体、粗体、小四、水平居中；其余各行的行高为 16 磅最小值，学号、姓名、性别和专业等所在列文字"靠下居中对齐"，各科成绩及平均分"靠右对齐"。

（2）调整表格的各列宽度到最适合为止，按每个人的平均分从高到低排序，然后将整个表格居中。

（3）将表格的外框线设置为 1.5 磅的粗线，内框线为 0.75 磅的细线，第一、二行的下线与第四列的右框线为 1.5 磅的双线，然后对第一行和最后一行添加 10%的底纹。

（4）在表格的上面插入一行，合并单元格，然后输入标题"成绩表"，格式为黑体、三号字、水平居中；在表格下面插入当前日期，格式为粗体、倾斜。

完成后的表格如图 22-6 所示。

成绩表						
学号	姓名	性别	专业	大学英语	高等数学	平均分
A10	周俊	男	化工 1	49	61	55.0
A08	张伟	男	电子 2	66	50	58.0
A02	李英	女	电子 2	68	56	62.0
A03	王涛	男	化工 1	69	75	72.0
A01	兰晓	女	通信 1	79	82	80.5
A07	钱程	男	通信 1	74	90	82.0
A06	李艳	女	通信 2	86	83	84.5
A09	王英	女	化工 1	100	76	88.0
A04	陈强	男	通信 2	95	90	92.5
A05	刘波	男	通信 1	100	91	95.5
平均				78.6	75.4	77.0

2013 年 6 月 20 日

图 22-6　样图

2．绘制如表 22-7 所示的表格。

要求如下：

（1）创建 9 行 11 列的表格，各行等高 12 磅，第 1、4、7、10、11 列列宽为 1.2 厘米，其余各列列宽为 1 厘米。

（2）按表 22-8 所示合并单元格。

表 22-7　表格样图

月份	货物 A			货物 B			货物 C			合计
	数量	单价	金额	数量	单价	金额	数量	单价	金额	

（3）输入文本（全部宋体）：月份、合计（五号字、段前距 6 磅，水平居中）；数量、单价、金额、货物（六号字、行间距 0、段前距 2 磅，水平居中）。

（4）按表 23-8 所示设置表格线：粗线（1.5 磅），细线（0.5 磅），两侧无边框。

3．某文档中有如下内容。

【文档开始】

新天地公司销售第二部一季度销售额统计表（单位：万元）

姓名	一月份	二月份	三月份	总计
张玲	300	260	320	
李亮	255	240	280	
王明	368	280	300	
赵歌	400	300	255	
总计				

【文档结束】

要求完成如下操作：

（1）将文中后 6 行文字转换成一个 6 行 5 列的表格，设置表格居中，表格列宽为 2 厘米，行高为 0.8 厘米，表格中所有文字靠下居中。

（2）在"总计"列的左侧插入一行，其标题为"平均销售额"，并计算出平均销售额。

（3）分别计算表格中每人销售额总计和每月销售额总计。

实验二十三　提取目录与邮件合并

实验目的

（1）了解大纲视图的工作方式。

（2）学会目录的生成方法。

（3）学会使用 Word 中的邮件合并功能。

实验内容与操作步骤

实验 23-1　按以下步骤制作目录，其中文本内容如下：

【正文开始】

第 2 章　Windows 7 操作系统

2.1　Windows 7 入门

2.1.1　认识 Windows 7 操作系统

2.1.2　设置 Windows 7 桌面

2.1.3　认识窗口与对话框

2.1.4　操作窗口与对话框

2.2　管理文件

2.2.1　使用"资源管理器"

2.2.2　操作文件与文件夹

2.3　管理与应用 Windows 7

2.3.1　屏幕分辨率与显示个性化设置

2.3.2　任务栏和「开始菜单」

2.3.3　安装和使用打印机

2.3.4　中文输入法

2.3.5　使用 Windows 7 自带程序

习题 2

【正文结束】

（1）打开 Word，新建一个文档，并以文件名"目录制作.docx"保存。

（2）打开"开始"选项卡，在"样式"组中单击"正文"按钮。

（3）切换到"草稿"视图，输入上述正文。将插入点光标分别定位于"第 2 章 Windows 7 操作系统"所在行开始处，打开"页面布局"选项卡，单击"分隔符"命令按钮，分别插入一个"下一页"分节符。

再将插入点光标分别定位于"2.2 管理文件""2.3 管理与应用 Windows 7"和"习题 2"所在行开始处，单击"分隔符"命令按钮，分别插入一个"分页符"（也可直接按下 Ctrl+Enter 组合键，或打开"插入"选项卡，单击"页"组中的"分页"命令按钮），将其上下分成两页。

（4）选择文本"第 2 章 Windows 7 操作系统"，打开"开始"选项卡，在"样式"组中单击"标题 1"按钮，并设置好字体和字号，如设置为楷体、二号，段前和段后距离分别为 17 磅和 16.5 磅。

依次选择"2.1 Windows 7 入门""2.2 管理文件""2.3 管理与应用 Windows 7"和"习题 2"等内容，在"样式"组中单击"标题 2"按钮，并设置好字体和字号，如设置为黑体、小三号、段前和段后距离分别为 6 磅。

其他内容，在"样式"组中单击"标题 3"按钮，并设置好字体和字号，如设置为宋体，小四号，段前和段后距离分别为 6 磅。

题目级别设置完成后，题目左侧有一个黑色小方块标志，如图 23-1 所示。

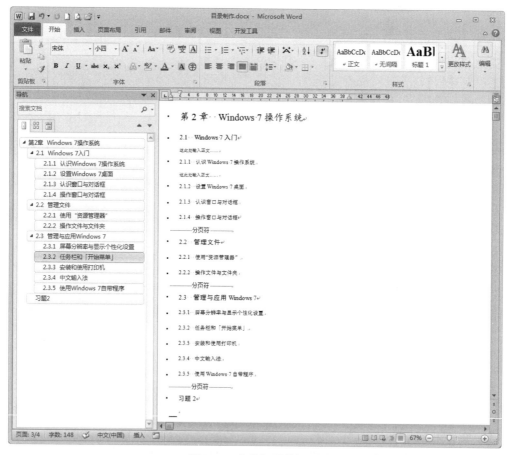

图 23-1　定义标题的级别

（5）将插入点光标定位于"第 2 章　Windows 7 操作系统"所在处，打开"页面布局"选项卡，单击"页面设置"组右下角的"对话框启动器"按钮，打开"页面设置"对话框，如图 23-2 所示。

单击"版式"选项卡，在"页眉和页脚"栏处，分别勾选"奇偶页不同"和"首页不同"复选框，在"应用于"框处，选择"本节"。单击"确定"按钮后，文档中的"页眉和页脚"被分为三节，即首页为一节，奇数页为一节，偶数页为一节。

（6）打开"插入"选项卡，单击"页眉与页脚"组中的"页码"命令按钮，在弹出的列表框中，选择"页面底部"，样式为"普通数字 2"。

（7）将插入点光标定位第二节中的首页（奇数页或偶数页）的页脚处，这时看到页脚有插入的页码，将其删除。

分别将插入点光标定位本节中的奇数页或偶数页的页脚处，这时可看到，没有显示页码。单击"页眉与页脚"组"页码"命令按钮，在弹出的列表框中，执行"页面底部"中的"普通数字 2"命令，插入一个页码。

如果要调整页码的格式，可选定"页脚"中的页码数字，单击"页眉与页脚"组中的"页码"命令按钮，在弹出的列表框中，执行"设置页码格式"命令（或选定"页脚"中的页码数字并右击，执行快捷菜单中的"设置页码格式"命令），打开如图 23-3 所示的"页码格式"对话框。

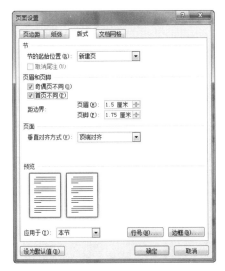

图 23-2　"页面设置"对话框　　　　　　　图 23-3　"页码格式"对话框

在"编号格式"框处，选择一个页码样式；在"页码编号"栏处，单击"起始页码"单选框，并在页码文本框处输入数字"1"，表示本节的页码编号从 1 开始。

按下 Esc 键，返回到正文编辑状态。

（8）生成目录。将光标置于第一节开始处，打开"引用"选项卡，单击"目录"按钮，在弹出的列表框中，选择一种样式，如"自动目录 2"，如图 23-4 所示。至此，目录在指定位置生成，如图 23-5 所示。

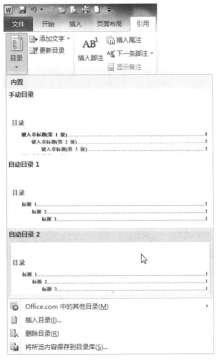

图 23-4　"目录"列表框　　　　　　　　图 23-5　生成的目录

注： 如果执行"目录"列表框中的"插入目录"命令，打开的"目录"对话框进，如图 23-6 所示。

设置相关选，单击"确定"按钮，目录生成。

如果对生成目录的字体、间距等设置不满意，也可以在目录中直接调整。

如果文章中某一处标题有改动，可在改动完后，在生成的目录上右击，在右键菜单中单击"更新域"，所修改处在目录中会自动修改。

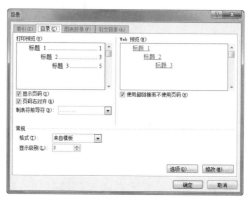

图 23-6　"目录"对话框

实验 23-2　某班学生部分成绩数据（数据保存在文档"成绩.docx"中）见表 23-1，利用这些数据创建成绩单，成绩单的样式如图 23-7 所示。

表 23-1　某班学生部分成绩数据

学号	姓名	性别	高数	外语	计算机
201801001	罗亮	男	49	89	0
201801002	卢泰林	男	78	84	82
201801003	李兢	男	88	65	90
201801004	陈璐	女	98	92	88
201801005	叶科	男	86	78	65
201801006	王蓓	女	96	95	76
201801007	刘恒	女	78	69	64
201801008	周源	男	60	57	100
201801009	谢百纳	男	98	70	85
201801010	王昕然	女	100	80	100

操作方法及步骤如下：

（1）启动 Word 应用程序窗口，在"快速访问工具栏"中单击"新建"按钮，新建一空白文档，然后将表 23-1 中的学生数据生成一张表格。该文档以"成绩.docx"为文件名存盘，并关闭该文档。

（2）再单击"新建"按钮，新建另一空白文档，然后设计好如图 23-8 所示的主控文档。

要求如下：

- 标题"成绩单"：华文新魏，二号，居中对齐。
- 正文：宋体，小二号；表格加边框线。
- 纸张大小：双面明信版（宽度 20 厘米，高度 14.8 厘米）；
- 页边距：上、下、左、右各为 2.4 厘米、2.4 厘米、2.1 厘米和 2.1 厘米。

图 23-7　成绩单样式　　　　　　　　　　图 23-8　主控文档

（3）打开"邮件"选项卡，单击"选择收件人"命令按钮，在弹出的命令列表框中选择"使用现有列表"选项，打开"选取数据源"对话框，如图 23-9 所示。

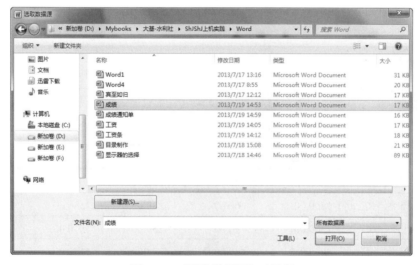

图 23-9　"选取数据源"对话框

（4）在"数据源类型"下拉列表框中选择类型为"所有数据源"，然后找到所需的数据文件为"成绩.doc"，单击"打开"按钮，数据源文件被加载到计算机内存。同时，"邮件"选项卡中的有关邮件合并命令按钮可以使用。

（5）将光标移动到所需位置，然后在"邮件合并"选项卡中，单击"编写和插入域"组中的"插入合并域"命令按钮，弹出其列表框，如图 23-10 所示的"插入合并域"对话框。

（6）选择要插入的域名称，文档中将出现"《》"括住的合并域，如"《高数》"。依次，将所需要的域插入到所有所需处，打印时，这些域将用数据源的域值代替。

（7）单击"预览结果"组中的"预览结果"命令按钮，主控文档中插入的域被数据源中的域值替换，同时"记录"导航条可用，用户可预览不同学生的成绩。

（8）将主控文档与数据合并到新文档。再次单击"预览结果"按钮，系统回到邮件合并编辑状态。单击"完成"组中的"完成并合并"命令按钮，在其展开的列表框中，执行"编辑单个文档"命令，打开"合并到新文档"对话框，如图 23-11 所示。

图 23-10　"插入合并域"列表框　　　　图 23-11　"合并到新文档"对话框

选择"合并记录"栏中的一个项目，单击"确定"按钮，Word 将合并结果到一个新文档。新文档是一个独立的文件，可单独保存。

思考与综合练习

1．某单位部分工作人员的薪金资料见表 23-2。

表 23-2　某单位工作人员的薪金资料（部分）

编号	姓名	性别	基本工资	补贴	扣款	实发工资	月份
Z001	李维	男	1400.00	840.00	-240.00	2000.00	2007/8/8
Z002	高杰	女	1100.00	660.00	-230.00	1530.00	2007/8/8
Z003	李平	女	1300.00	780.00	-250.00	1830.00	2007/8/8
Z004	张翔	男	800.00	480.00	-99.00	1181.00	2007/8/8
Z005	王杰	男	670.00	320.00	-70.00	920.00	2007/8/8
Z006	范玲	女	930.00	678.00	-116.00	1492.00	2007/8/8
Z007	罗方	男	1200.00	960.00	-230.00	1930.00	2007/8/8
Z008	赵宏	男	1500.00	1080.00	-265.00	2315.00	2007/8/8
Z009	罗兰	女	789.00	680.00	-115.00	1354.00	2007/8/8
Z010	胡敏	女	689.00	650.00	-120.00	1219.00	2007/8/8

利用上述数据，制作一个邮件合并文档，要求每页中显示三条信息，邮件合并后所形成的文档样式见表 23-3。

表 23-3　合并后邮件文档样式

编号	姓名	性别	基本工资	补贴	扣款总额	实发工资
Z001	李维	男	1400.00	840.00	-240.00	2000.00

日期：2007/8/8

编号	姓名	性别	基本工资	补贴	扣款总额	实发工资
Z002	高杰	女	1100.00	660.00	-230.00	1530.00

日期：2007/8/8

编号	姓名	性别	基本工资	补贴	扣款总额	实发工资
Z003	李平	女	1300.00	780.00	-250.00	1830.00

日期：2007/8/8

2. 现有文件名为 WORD.DOCX 的文档，文档内容如下。

"领慧讲堂"就业讲座

报告题目：大学生人生规划

报 告 人：赵蕈

报告日期：2010 年 4 月 29 日（星期五）

报告时间：19:30-21:30

报告地点：校国际会议中心

欢迎大家踊跃参加！

主 办：校学工处

"领慧讲堂"就业讲座之大学生人生规划 活动细则

日程安排：

报名流程：

报告人介绍：

赵蕈先生是资深媒体人、著名艺术评论家、著名书画家。曾任某周刊主编。现任某出版集团总编、硬笔书协主席、省美协会员、某画院特聘画家。他的书法、美术、文章、摄影作品千余幅（篇）已在全国 200 多家报刊上发表，名字及作品被收入至多种书画家辞典。书画作品被日本、美国、韩国等海外一些机构和个人收藏，在国内外多次举办专题摄影展和书画展。

按照下面题目要求完成操作。

某高校为了使学生更好地进行职场定位和职业准备，提高就业能力，该校学工处将于 2010 年 4 月 29 日（星期五）19:30—21:30 在校国际会议中心举办题为"领慧讲堂——大学生人生规划"就业讲座，特别邀请资深媒体人、著名艺术评论家赵蕈先生担任演讲嘉宾。

请根据上述活动的描述，利用 Microsoft Word 制作一份宣传海报，宣传海报的参考样式如图 23-12 和图 23-13 所示。

图 23-12　第 1 页设计参考

图 23-13　第 2 页设计参考

要求如下：

（1）调整文档版面，要求页面高度 35 厘米，页面宽度 27 厘米，页边距上下为 5 厘米、左右为 3 厘米，并设置海报背景（自定义）。

（2）根据海报参考样式，调整海报内容文字的字号、字体和颜色。

（3）根据页面布局需要，调整海报内容中"报告题目""报告人""报告日期""报告时间""报告地点"信息的段落间距。

（4）在"报告人："位置后面输入报告人姓名（赵蕾）。

（5）在"主办：校学工处"位置后另起一页，并设置第 2 页的页面纸张大小为 A4 篇幅，纸张方向设置为"横向"，页边距为"普通"页边距定义。

（6）在新页面的"日程安排"段落下面，复制本次活动的日程安排表，见表 23-4，如表格中的内容发生变化，Word 文档中的日程安排信息随之发生变化。

表 23-4　日程安排表

时间	主题	报告人
18:30—19:00	签到	
19:00—19:20	大学生职场定位和职业准备	王老师
19:20—21:10	大学生人生规划	特约专家
21:10—21:30	现场提问	王老师

（7）在新页面的"报名流程"段落下面，利用 SmartArt 制作本次活动的报名流程（学工处报名、确认坐席、领取资料、领取门票）。

（8）设置"报告人介绍"段落下面的文字排版布局为图 23-13 中所示的样式。

（9）保存本次活动的宣传海报设计为 WORD.DOCX。

第8章　Excel 2010 电子表格

实验二十四　Excel 的初步使用

实验目的

（1）熟悉 Excel 的工作环境及组成，掌握工作簿、工作表和单元格的基本操作。

（2）熟练掌握工作簿的建立、打开和保存的操作方法。

（3）熟练掌握工作表的插入、删除、移动、复制及重命名等操作方法。

（4）掌握不同类型数据的录入、编辑与修改方法。

（5）掌握单元格及区域的插入、删除、重命名、选定，以及数据的复制与移动等操作方法。

实验内容与操作步骤

实验 24-1　如图 24-1 所示的数据为部分学生成绩，利用该数据建立工作表，并以"成绩单.xlsx"命名存盘。

图 24-1　部分学生成绩数据

操作方法及步骤如下：

（1）启动 Excel，系统自动建立一个名为"工作簿 1.xlsx"的工作簿。

（2）在工作窗口中，选择 A1 为活动单元格，并以该单元格为首行，建立学生成绩表结构，表中各字段（标题）名分别为"学号""姓名""性别""出生日期""笔试""上机"。

（3）单击"学号"所在列名称 A，选定 A 所在列。然后，打开"开始"选项卡，单击"数字"组中的"数字格式"命令 常规 右侧的下拉按钮，在弹出的下拉列表框中，单击"文本"选项，设置此列单元格中的数据类型为文本，这时"学号"所在列输入的由数字组成的数据时被看作为文本（字符型），否则，要输入纯数字组成的文本数据。

同样，可将"出生日期"所在列的数据类型设置为"自定义（yyyy-mm-dd）"，其他列设置为"常规（默认）"方式。

（4）单击"性别"单元格，打开"审阅"选项卡，再单击"批注"组中的"新建批注"命令 新建批注 （或按下组合键 Shift+F2），为该单元格插入一个批注。在批注窗口中输入内容："TRUE：男""FALSE：女"。

（5）单击 E 列，然后按下 Ctrl 键，再单击 F 列，将 E、F 两列选定。

（6）打开"数据"选项卡，单击"数据工具"组中的"数据有效性"命令 数据有效性 。在其弹出的列表中，单击"数据有效性"命令，打开其对话框，如图 24-2 所示。

图 24-2　"数据有效性"对话框

（7）单击"设置"选项卡，在"允许"下拉列表框中选择"整数"，在"数据"下拉列表框中选择"介于"，在"最小值"文本框中输入 0，在"最大值"文本框中输入 100；单击"确定"按钮，输入数据有效性设置生效。

如果单击"出错警告"选项卡，可以设置在数据输入无效时，系统出现的提示信息；单击"输入信息"选项卡，可以设置在确定单元格时，系统出现的信息提示。

（8）单击"快速访问工具栏"中的"记录单"按钮 ，打开"记录单"对话框，如图 24-3 所示。这时用户可利用"记录单"对话框输入各学生的成绩信息。学生成绩信息录入完毕后，单击"关闭"按钮，数据记录输入完毕。

注：如果"快速访问工具栏"中无"记录单"命令按钮，可将此命令添加其中。

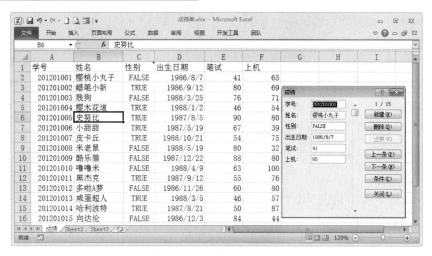

图 24-3 利用"记录单"对话框录入数据

单击"快速访问工具栏"上的"保存"按钮 ，打开"另存为"对话框，将工作簿以文件名"成绩单.xlsx"存盘，关闭 Excel 软件。

实验 24-2 在上题的基础上，制作如图 24-4 所示的工作表。

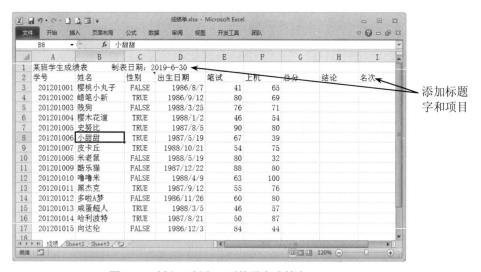

图 24-4 插入 1 行和 3 列的学生成绩表

操作方法及步骤如下：

（1）启动 Excel，单击常用工具栏上的"打开"按钮 ，打开工作簿"成绩单.xlsx"。

（2）在 G、H 和 I 列分别输入字段名（标题名）"总分""结论"和"名次"。

（3）单击行标号 1，选定该行，在"开始"选项卡中，单击"单元格"组中的"插入"按钮 。在弹出的命令列表中，执行"插入工作表行"命令，这时在第 1 行的前面插入一空行（要插入一空行，也可右击行标号，执行快捷菜单中的"插入"命令）。

（4）单击 A1 单元格，并输入文本"某校学生成绩表　制表日期：2008-2-27"。

（5）选定单元格区域 A1:I1，打开"开始"选项卡。单击"对齐方式"组中的"合并后居中"按钮![合并后居中]。

（6）单击"快速访问工具栏"中的"保存"按钮![保存图标]，然后关闭 Excel 软件。

实验 24-3　输入数据，建立如图 24-5 所示的工作表，并以密码形式保存该文件。其中：总分=笔试×40%+上机×60%；根据总分≥60 来判断"结论"是否通过。

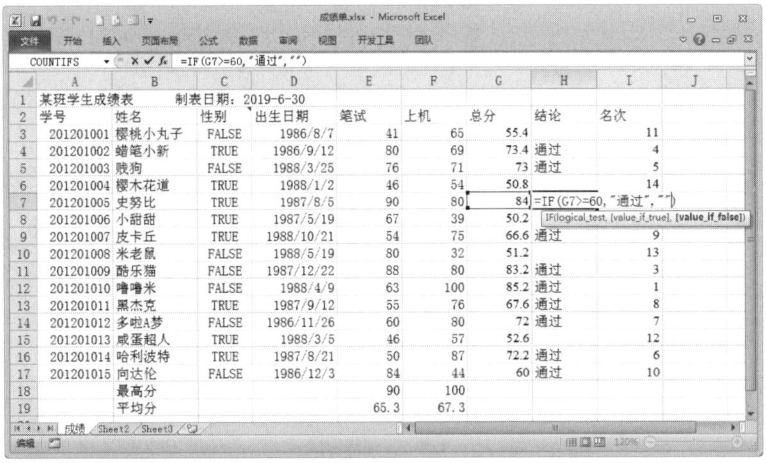

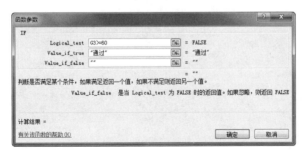

图 24-5　具有"结论"的学生成绩表

操作方法及步骤如下：

（1）启动 Excel，单击"快速访问工具栏"上的"打开"按钮![打开图标]，打开工作簿"成绩单.xlsx"。

（2）单击单元格 G3，输入公式"=ROUND(E3*40%+F3*60%,1)"，求出该学生笔试和上机的总分。

（3）再次选定 G3 单元格，将光标指向单元格右下角拖拽句柄![55.4]，按下鼠标左键不放，拖拽句柄至 G17，松开鼠标后，各学生的总分成绩均显示出来。

（4）选定 H3，打开"公式"选项卡，单击"函数库"组中的"逻辑"按钮![逻辑图标]。在弹出的命令列表中单击"IF"命令，系统打开"函数参数"（或公式选项面板）对话框，如图 24-6 所示。

图 24-6　"函数参数"对话框

在"IF"栏处，在 Logical_test 文本框中输入单元格地址：G3>=60；在 Value_if_true 文本框中输入："通过"；在 Value_if_false 文本框中输入""，即不显示任何信息。

注：要输入单元格地址"G3"，也可单击 Logical_test 框右侧的"压缩对话框"按钮 （隐藏"函数"对话框的下半部分，Excel 暂时回到编辑状态），使用鼠标单击 G3 单元格，再单击"展开对话框"按钮 （恢复显示"函数"对话框的下半部分）。

将单元格 H3 中的公式填充到 H4:H17 单元格中，完成判断学生成绩是否通过的工作。

在单元格 I3 处输入公式：=RANK($G3,$G$3:$G$17)，然后将公式复制到 I4:I17 中，即可根据总分给出学生成绩的名次。

实验 24-4　在上题的基础上，观察窗口的冻结效果，然后以密码形式保存文件。

操作方法及步骤如下：

（1）选定 C3 单元格，然后打开"视图"选项卡。单击"窗口"组中的"冻结窗格"按钮，在弹出命令列表中，执行"冻结拆分窗格"命令。移动水平或垂直滚动条，观察屏幕的变化。

（2）单击"窗口"组中的"冻结窗格"按钮，在弹出命令列表中，执行"取消冻结格"命令。然后，再单击第 3 行标号或第 3 列标号，再次单击"窗口"组中的"冻结拆分窗格"按钮，观察屏幕的变化。

（3）单击"文件"选项卡，弹出其下拉菜单，执行"另存为"命令，再单击"另存为"对话框右下方的"工具"按钮，在弹出的菜单中单击"常规选项"选项，弹出"常规选项"对话框，如图 24-7 所示。

（4）在"打开权限密码"和"修改权限密码"文本框中输入相应的密码，单击"确定"按钮，回到 Excel 工作窗口，保存退出，该工作簿即以密码的形式保存。

图 24-7　"常规选项"对话框

（5）分别选定 B18 和 B19，分别输入文本"最高分"和"平均分"。

（6）分别选定 E18、F18 和 E19、F19，分别输入公式"=MAX(E3:E17)""=MAX(F3:F17)"和"=ROUND(AVERAGE(E3:E17),1)""=ROUND(AVERAGE(F3:F17),1)"。

实验 24-5　选定单元格，如图 24-8 所示。

	A	B	C	D	E	F	G	H	I	J
1	某班学生成绩表		制表日期：	2019-6-30						
2	学号	姓名	性别	出生日期	笔试	上机	总分	结论	名次	
3	201201001	樱桃小丸子	FALSE	1986/8/7	41	65	55.4		11	
4	201201002	蜡笔小新	TRUE	1986/9/12	80	69	73.4	通过	4	
5	201201003	贱狗	FALSE	1988/3/25	76	71	73	通过	5	
6	201201004	樱木花道	TRUE	1988/1/2	46	54	50.8		14	
7	201201005	史努比	TRUE	1987/8/5	90	80	84	通过	2	
8	201201006	小甜甜	TRUE	1987/5/19	67	39	50.2		15	
9	201201007	皮卡丘	TRUE	1988/10/21	54	75	66.6	通过	9	
10	201201008	米老鼠	FALSE	1988/5/19	80	32	51.2		13	
11	201201009	酷乐猫	TRUE	1987/12/22	88	80	83.2	通过	3	
12	201201010	噜噜米	FALSE	1988/4/9	63	100	85.2	通过	1	
13	201201011	黑杰克	TRUE	1987/9/12	55	76	67.6	通过	8	
14	201201012	多啦A梦	FALSE	1986/11/26	60	80	72	通过	7	
15	201201013	咸蛋超人	TRUE	1988/3/5	46	57	52.6		12	
16	201201014	哈利波特	TRUE	1987/8/21	50	87	72.2	通过	6	
17	201201015	向达伦	FALSE	1986/12/3	84	44	60	通过	10	
18		最高分			90	100				
19		平均分			65.3	67.3				

成绩　Sheet2　Sheet3

图 24-8　单元格选定效果

操作方法如下：

（1）启动 Excel，单击"快速访问工具栏"上的"打开"按钮 ，打开工作簿"成绩单.xlsx"。

（2）单击 E2 单元格，然后按下 Shift 键，同时单击单元格 F17，即选定单元格区域 E2:F17；按下 Ctrl 键不放，拖拽鼠标从 B2 到 B17，增加选定区域 B2:B17；继续按下 Ctrl 键不放，单击第 6 行和第 16 行标号，增加 2 行的选定。

实验 24-6　单元格及行、列的插入、删除、复制与移动。

操作方法与步骤如下：

（1）启动 Excel 并打开工作簿"成绩单.xlsx"。

（2）单击工作表标签"学生成绩"，选定单元格区域 A1:I17，打开"开始"选项卡，单击"剪贴板"组中的"复制"按钮 ；单击工作表 Sheet2 并单击单元格 A1，右击，在弹出的快捷菜单中选择"插入复制单元格"命令，将工作表"成绩单"中的单元格 A1:I17 数据复制到此处。

注：粘贴复制的内容时，也可使用"开始"选项卡上的"剪贴板"组中的"粘贴"按钮，也可右击鼠标，在弹出的快捷菜单中执行"粘贴选项"或"选择性粘贴"菜单中的相关命令。

（3）单击 D 列标号并右击，在弹出的快捷菜单中选择"删除"命令，删除"出生日期"所在的列（或使用"开始"选项卡上的"单元格"级中的"删除"命令按钮 ）；选定单元格区域 A13:I13，按下 Delete 键（或单击"开始"选项卡上的"编辑"组中的"清除"按钮 ），可清除单元格区域中的数据等内容。

（4）选定 B2:B17 单元格区域，单击"复制"按钮 ；然后，单击单元格 B21 并右击，在出现的快捷菜单中，依次单击"选择性粘贴"→"粘贴"→"转置"命令 （或直接单击"选择性粘贴"菜单，打开如图 24-9 所示的"选择性粘贴"对话框，在该对话框中的"粘贴"栏处单击"数值"单选框，再选中"转置"复选框）。

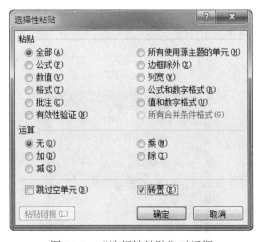

图 24-9　"选择性粘贴"对话框

（5）再次选定 B2:B17 单元格区域，单击"剪贴板"组中的"剪切"按钮 ；单击单元格 J2，然后单击"粘贴"按钮 ，这时 B2:B17 单元区域的数据移动到 J2:J17；单击"撤消"按钮，观察屏幕出现的变化。

实验 24-7 工作表的命名与保护。

操作方法与步骤如下：

（1）启动 Excel 并打开工作簿"成绩单.xlsx"。

（2）在工作表名称 Sheet1 处右击（或双击工作表名称 Sheet1），在弹出的快捷菜单中选择"重命名"命令，如图 24-10 所示，输入新的工作表名称，如"成绩"。

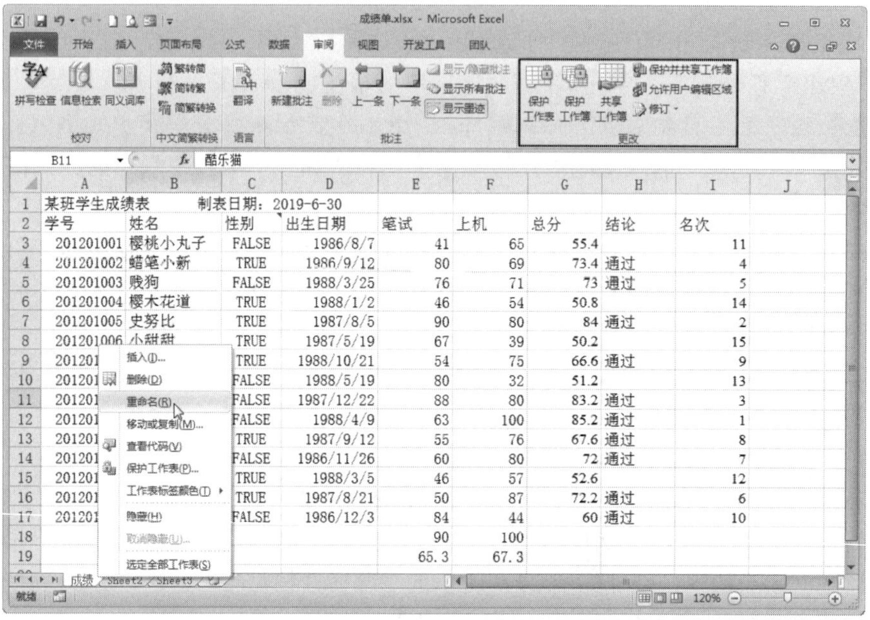

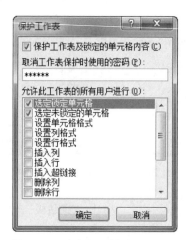

图 24-10　工作表的重命名和保护

（3）打开"审阅"选项卡，单击"更改"组中的"保护工作表"按钮，打开如图 24-11 所示的"保护工作表"对话框。

图 24-11　"保护工作表"对话框

（4）选择所需的保护对象，然后在"取消工作表保护时使用的密码"文本框中输入保护密码，单击"确定"按钮，再次输入确认密码，再次单击"确定"按钮，工作表被保护。

（5）工作表被保护，"更改"组中的"保护工作表"按钮变为"撤消工作表保护"按钮，单击此按钮，输入保护密码后，可撤消工作表的保护。

（6）将鼠标移动到垂直滚动条的上方（或水平滚动条的右侧）并指向分割框￼或￼，鼠标指针变为￼形状，向下（或向左）拖拽到合适的位置，松开鼠标，工作表被拆分。

（7）单击"快速访问工具栏"上的"保存"按钮￼，将工作簿存盘。

实验 24-8　工作表的移动及删除。

操作方法与步骤如下：

（1）启动 Excel 并打开工作簿"成绩单.xlsx"。

（2）单击工作表标签 Sheet2，并按住该标签拖动到工作表标签"成绩单"上，松开鼠标，观察屏幕出现的变化（也可右击工作表标签 Sheet2，在弹出的快捷菜单中选择"移动或复制工作表"命令，系统将弹"移动或复制工作表"对话框，在该对话框中选择所需选项命令即可）。

（3）右击工作表标签 Sheet2，在弹出的快捷菜单中，选择"删除"命令，可将该工作表删除。

实验 24-9　对工作簿"成绩单.xlsx"的"成绩"表进行格式化，如图 24-12 所示。

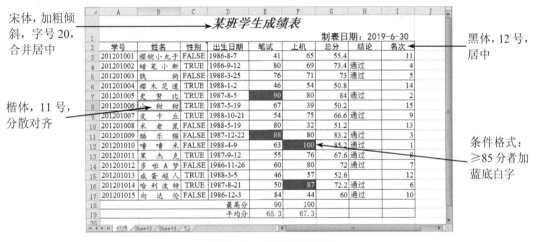

图 24-12　单元格的格式

操作方法与步骤如下：

（1）启动 Excel，单击"快速访问工具栏"上的"打开"按钮￼，打开工作簿"成绩单.xlsx"。

（2）双击 A1 单元格，并将插入点移动到文字"某班学生成绩表"的后面，按下组合键 Alt+Enter（换行）。接着输入数个空格，将"制表日期：2013-6-30"移动到合适位置。

（3）选定 A1 单元格中的"某班学生成绩表"，然后打开"开始"选项卡，在"字体"组中的"字体"下拉列表框中选择字体：宋体；单击"字号"下拉列表框，选择字号为 20；之后，依次单击"加粗"按钮￼、"倾斜"按钮￼；接着选定 A1 单元格，并单击"段落"组中的"居中"按钮￼。

（4）选定单元格区域 A2:I2，设置字体和字号为"黑体"、12；段落对齐方式为"居中"。

（5）选定单元格区域 B3:B17，设置字体和字号为"楷体"、12；段落对齐方式为"分散对齐"。

（6）选定单元格区域 E3:F17，在"开始"选项卡的"样式"组中，单击"条件格式"按钮，在弹出的下拉列表中。依次单击"显示单元格规则"→"大于"命令，打开如图 24-13 所示的"大于"对话框。

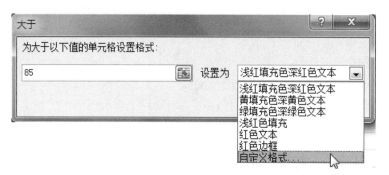

图 24-13　"大于"对话框

（7）在"为大于以下值的单元格设置格式"文本框中输入 85，单击"设置为"下拉按钮，在下拉列表中选择"自定义格式"命令。在随后出现的"设置单元格格式"对话框中，设置格式为"蓝底白字"。两次单击"确定"按钮后，凡符合条件的单元格均按所设置的格式显示。

（8）选定单元格区域 A2:I19，单击"字体"组的"边框"按钮，打开"设置单元格格式"对话框，如图 24-14 所示。用户在"边框"选项卡中，选择合适的边框，然后单击"确定"按钮，单元格边框设置完毕；同样地可对单元格区域设置底纹颜色。

图 24-14　"设置单元格格式"对话框

（9）单击"快速访问工具栏"上的"保存"按钮，将工作簿存盘，然后关闭 Excel 软件。

思考与综合练习

1. 在如图 24-15 所示的工作簿，完成下面的操作：

（1）在 F2 单元格设计填充公式，使得经填充后职业为教师的，在 F 列显示 200，否则显示 0。

（2）在 G2 单元格设计填充公式，使得经填充后，工资中最后两位数为 66，在 G 列显示 100，否则显示 0。注意，工作表中的工资为整数。

（3）在 H2 单元格设计填充公式，使得经填充后，性别为女，在 G 列显示 100，否则显示 0。

	A	B	C	D	E	F	G	H
1	姓名	性别	职业	工资	津贴	薪金	奖金	三八奖
2	陈留	男	工人	1234				
3	卫芳	女	干部	680				
4	刘晚玉	女	教师	666				
5	华建军	男	医生	1356				
6	张飞	男	临工	500				
7	李小田	女	干部	2145				
8	吴倩	女	教师	1568				
9	李磊	男	工人	564				
10	欧阳伟	男	工人	569				
11	罗兰	女	干部	2121				

图 24-15　利用 Excel 公式填充

2. 利用 Excel 公式填充方法，求出斐波那契数列的第 n 项值。斐波那契数列的前两个数为 1、1，以后每个数都是其前两个数之和，如图 24-16 所示。

3. 如图 24-17 所示，表 Sheet1 列出了 8 名裁判给某体操运动员的打分成绩。请按下列计分原则计算运动员的实际得分：去掉最高分和最低分，其余裁判员所给分的平均分就是该运动员的实际得分。

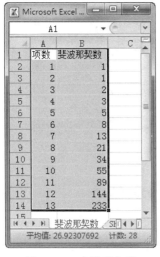

图 24-16　斐波那契数

	A	B
1	运动员号	C1001
2	裁判员1	9.25
3	裁判员2	8.85
4	裁判员3	9.00
5	裁判员4	9.15
6	裁判员5	9.25
7	裁判员6	8.95
8	裁判员7	9.60
9	裁判员8	9.45
10	最高分	9.60
11	最低分	
12	实际得分	
13		

图 24-17　裁判员打分

4. 接上题，假如 8 个裁判中有一个弃权（即没有给成绩，而不是给 0 分），需要在 C11 单元格计算有效给分裁判员的人数，最后在单元格 C12 中重新计算此时该运动员实际得分。

5．导入网站中的数据。利用网址 http://cba.sports.163.com/team/496/schedule.html（网易CBA2017－2018赛季各队（新疆队）赛程）中的相关数据，创建如图 24-18 所示的表格。

图 24-18　导入数据后形成的工作表及相关数据

6．完成图 24-19 所示的 Excel 内容。

图 24-19　第 6 题图

实验二十五　Excel 的数据管理

实验目的

（1）掌握数据表的自动求和、排序与筛选功能。

（2）熟练掌握分类汇总表的建立、删除和分级显示。

（3）了解数据透视表的建立和使用方法。

实验内容与操作步骤

实验 25-1　修改如图 25-1 所示的"成绩"工作表数据，然后按性别进行升序排序，如果性别相同，再按姓名降序排列，最后将工作簿文件以"成绩单 1.xlsx"保存。

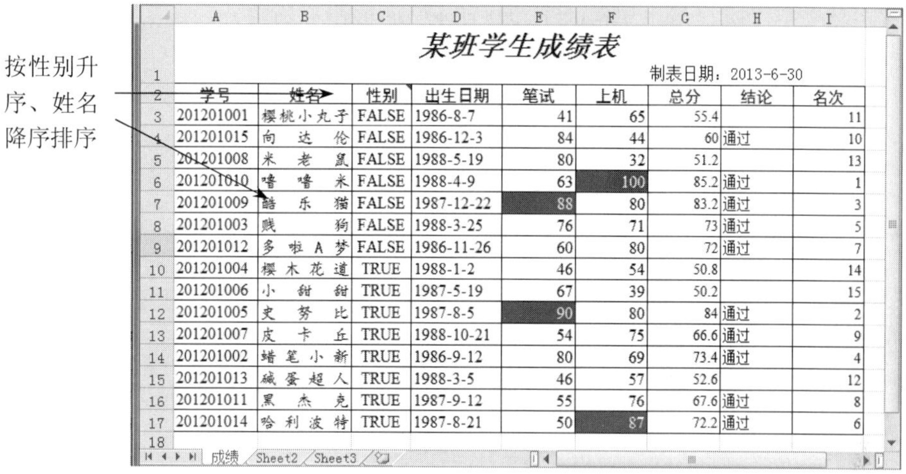

按性别升
序、姓名
降序排序

图 25-1　数据的排序

操作方法与步骤如下：

（1）启动 Excel，打开工作簿"成绩单.xlsx"，删除最后 2 行，修改成如图 25-1 所示的工作表。

（2）打开"数据"选项卡，单击"排序和筛选"组中的"排序"按钮，打开如图 25-2 所示的"排序"对话框。

图 25-2　"排序"对话框

（3）在"排序"对话框中，在"主要关键字"列表框中选择"性别"，在"次序"下拉列表框中选择"升序"；单击"添加条件"按钮，添加"次要关键字"为"姓名"，在"次序"下拉列表框中选择"降序"。

（4）单击"确定"按钮，完成操作。

（5）单击"文件"选项卡，执行"另存为"命令，以文件名"成绩单 1.xlsx"保存。

实验 25-2 将"上机≥80"以上的男生全部显示出来。

操作方法及步骤如下：

（1）启动 Excel，打开文件"成绩单 1.xlsx"。

（2）选择数据区域 A2:I17，打开"数据"选项卡，单击"排序和筛选"组中的"筛选"按钮 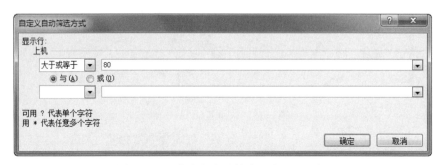，这时在每个字段旁显示出黑色的下拉按钮▼，此按钮称为筛选器按钮，如图 25-3 所示。

图 25-3 "自动筛选"及"筛选器"的使用

（3）单击"性别"下的筛选器按钮，直接在"搜索"框下方的列表中选择符合筛选条件的项，如 True，这时系统出现筛选结果，即显示性别为 True 的学生；此时，筛选器颜色变为漏斗符号，筛选的数据行标号也呈现蓝色。

（4）单击"上机"右下的"筛选器"按钮，打开"筛选器"下拉列表框，依次单击"数字筛选"（不同的数据类型有不同菜单名称）→"大于或等于"选项，打开"自定义自动筛选方式"对话框，如图 25-4 所示。

图 25-4 "自定义自动筛选方式"对话框

（5）在条件"大于或等于"右侧的文本框处输入 80，单击"确定"按钮，Excel 中会显示上机≥80 的男性学生，如图 25-5 所示。

图 25-5　按条件筛选后的最终结果

（6）要取消某项筛选，可单击该项的"筛选器"按钮，在弹出的列表框中，执行"从 XX 中清除筛选"命令即可。

（7）再次单击"排序和筛选"组中的"筛选"按钮，取消自动筛选，恢复原来的数据清单。

实验 25-3　使用高级筛选，将满足"性别=TRUE、笔试≥75"和"上机<90"的学生全部显示出来。

操作方法与步骤如下：

（1）启动 Excel，打开工作簿文件"成绩单 1.xls"。

（2）在表格标题和表头之间插入三个空行，然后在对应的列输入筛选条件，即在"性别""笔试"和"上机"列处分别输入条件：TRUE、>=75 和<90，建立条件区域，如图 25-6 所示。

图 25-6　按条件进行高级筛选及其结果

（3）打开"数据"选项卡，单击"排序和筛选"组中的"高级"按钮，弹出"高级筛选"对话框，如图 25-7 所示。

（4）单击"列表区域"文本框右侧的"压缩对话框"按钮，选择列表区域：成绩!$A$5:$I$20（也可直接输入引用的条件域）。

图 25-7　"高级筛选"对话框

（5）单击"条件区域"文本框右侧的"压缩对话框"按钮，选择条件区域：成绩
!$C$2:$F$3（也可直接输入引用的条件域）。

（6）选中"将筛选结果复制到其他位置"单选框，接着单击"复制到"文本框右侧的"压
缩对话框"按钮，系统暂时回到编辑状态，在数据列表的下方选定一个区域，这里是：
$A$22:$I$25；单击"展开对话框"按钮，回到"高级筛选"对话框。

（7）单击"确定"按钮，显示筛选结果。

实验 25-4　将"成绩单"工作表按"性别"分类后，求出其笔试和上机成绩的平均值，
结果如图 25-8 所示。

操作方法与步骤如下：

（1）启动 Excel，打开"成绩单 1.xlsx"工作簿。按下 F12 功能键，工作簿以文件名"分
类汇总.xlsx"进行保存。

（2）单击工作表中"性别"列的任意一个单元格，然后单击"数据"选项卡"排序和筛
选"组中的"升序"按钮，工作表按"性别"进行升序排序。

某班学生成绩表

制表日期：2013-6-30

	学号	姓名	性别	出生日期	笔试	上机	总分	结论	名次
	201201001	樱桃小丸子	FALSE	1986-8-7	41	65	55.4		11
	201201003	贱　狗	FALSE	1988-3-25	76	71	73	通过	5
	201201008	米老鼠	FALSE	1988-5-19	80	32	51.2		13
	201201009	酷乐猫	FALSE	1987-12-22	88	80	83.2	通过	3
	201201010	嘻嘻米	FALSE	1988-4-9	63	100	85.2	通过	1
	201201012	多啦A梦	FALSE	1986-11-26	60	80	72	通过	7
	201201015	向达伦	FALSE	1986-12-3	84	44	60	通过	10
			FALSE 平均值		70.28571	67.42857			
	201201002	蜡笔小新	TRUE	1986-9-12	80	69	73.4	通过	4
	201201004	樱木花道	TRUE	1988-1-2	46	54	50.8		14
	201201005	史努比	TRUE	1987-8-5	90	80	84	通过	2
	201201006	小钳钳	TRUE	1987-5-19	67	39	50.2		15
	201201007	皮卡丘	TRUE	1988-10-21	54	55	66.6	通过	9
	201201011	黑杰克	TRUE	1987-9-12	55	76	67.6	通过	8
	201201013	咸蛋超人	TRUE	1988-3-5	46	57	52.6		12
	201201014	哈利波特	TRUE	1987-8-21	50	87	72.2	通过	6
			TRUE 平均值		61	67.125			
			总计平均值		65.33333	67.26667			

图 25-8　按性别进行分类汇总后的结果

（3）单击工作表中的任一单元格，单击"数据"选项卡"分级显示"组中的"分类汇总"按钮 ，打开"分类汇总"对话框，如图 25-9 所示。

图 25-9　"分类汇总"对话框

（4）在"分类字段"下拉列表框中，选择"性别"；在"汇总方式"下拉列表框中，选择"平均值"作为汇总计算方式；在"选定汇总项"列表框中，选择"笔试"和"上机"作为汇总项。

（5）单击"确定"按钮，完成操作。

（6）在分类汇总结果中，单击屏幕左边的 按钮，可以仅显示平均值而隐藏原始数据库的数据，这时屏幕左边变为 按钮；单击 按钮将恢复显示隐藏的原始数据。

（7）要取消分类汇总，可在打开的"分类汇总"对话框中，单击"全部删除"按钮即可。

实验 25-5　修改"成绩单 1.xlsx"中的"成绩"表，如图 25-10 所示。修改完成后，以文件名"数据透视.xlsx"保存。创建一个数据透视表，要求：按所在"班级"进行分页，按"性别"分别统计出"笔试"和"上机"的平均成绩，如图 25-11 所示。

学号	姓名	性别	出生日期	班级	笔试	上机	总分	结论	名次
				某班学生成绩表			制表日期：2013-6-30		
201201001	樱桃小丸子	FALSE	1986-8-7	2012.3班	41	65	55.4		11
201201002	蜡笔小新	TRUE	1986-9-12	2012.2班	80	69	73.4	通过	4
201201003	贱 狗	FALSE	1988-3-25	2012.2班	76	71	73	通过	5
201201004	樱木花道	TRUE	1988-1-2	2012.1班	46	54	50.8		14
201201005	史努比	TRUE	1987-8-5	2012.3班	90	80	84	通过	2
201201006	小 甜 甜	TRUE	1987-5-19	2012.3班	67	39	50.2		15
201201007	皮卡丘	TRUE	1988-10-21	2012.1班	54	75	66.6	通过	9
201201008	米 老 鼠	FALSE	1988-5-19	2012.1班	80	32	51.2		13
201201009	酷 乐 猫	FALSE	1987-12-22	2012.1班	88	80	83.2	通过	3
201201010	嘻 嘻 米	FALSE	1988-4-9	2012.1班	63	100	85.2	通过	1
201201011	黑 杰 克	TRUE	1987-9-12	2012.1班	55	76	67.6	通过	8
201201012	多 啦 A 梦	FALSE	1986-11-26	2012.3班	60	80	72		7
201201013	咸 蛋 超 人	TRUE	1988-3-5	2012.3班	46	57	52.6		12
201201014	哈 利 波 特	TRUE	1987-8-21	2012.3班	50	87	72.2	通过	6
201201015	向 达 伦	FALSE	1986-12-3	2012.3班	84	44	60	通过	10

图 25-10　含有"班级"字段的学生成绩表

操作方法与步骤如下：

（1）启动 Excel，按图 25-10 所示，修改"成绩单 1.xls"中的"成绩"表。修改完成后，按下 F12 功能键，在打开的"另存为"对话框中以文件名"数据透视.xlsx"保存。

（2）在数据列表中任意处单击，即以后显示的数据区域为整个数据列表。

（3）打开"插入"选项卡，单击"表格组"中的"数据透视表"按钮，在弹出的下拉列表中单击"数据透视表"命令，打开"创建数据透视表"对话框，如图 25-12 所示。

图 25-11　显示每班男女生各课平均成绩　　　图 25-12　"创建数据透视表"对话框

（4）在"请选择要分析的数据"栏中选择"选择一个表或区域"单选框，在"表/区域"文本框中输入或选择待分析的数据区域，本题为"成绩!\$A\$2:\$J\$17"。

（5）在"选择放置数据透视表的位置"栏中，选择"新工作表"单选框。单击"确定"按钮，Excel 系统便会在一个新工作表中插入一个空白的数据透视表，如图 25-13 所示。

（6）利用右侧的"数据透视表字段列表"任务窗格，可根据需要向当前的数据透视表中添加数据。如将"班级"字段拖至下面的"报表筛选"区域；将"性别"字段拖至下面的"报列标签"区域；将"笔试"和"上机"字段拖至"Σ 数值"区域，此时"行标签"处出现"Σ 数值"。在操作过程中，每操作一步，Excel 左侧的数据透视表就要变化一步（默认），如图 25-14 所示。

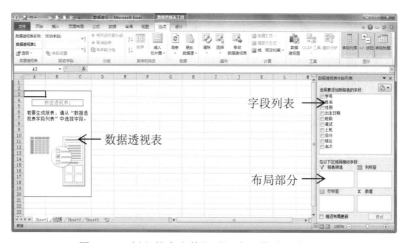

图 25-13　插入的空白数据透视表及其设计功能区

（7）将鼠标移到左侧的"数据透视表"区域，并在"笔试"或"上机"汇总行上单击。然后，打开数据透视表工具"选项"选项卡，单击"活动字段"组中的"字段设置"按钮 **字段设置**，Excel 弹出如图 25-15 所示的"值字段设置"对话框。

图 25-14　设计数据透视表　　　　图 25-15　"值字段设置"对话框

在"值汇总方式"选项卡的"计算类型"列表框中，选择"平均值"；单击"数字格式"按钮，设置"平均值"的"数字格式"为"数字，保留 1 位小数"；对笔试和上机都做同样的处理。

对于上面的设置，用户也可右击，执行快捷菜单中的"值汇总依据"命令。

至此，数据透视表制作完成。查看数据时，单击"班级"或"性别"筛选器下拉列表按钮，可以选择查看选定项目的数据，例如查看班级为"2012.2 班"，性别为"男（True）"的笔试和上机平均分，如图 25-16 所示。

图 25-16　查看指定条件的数据

此时，数据透视表中将自动出现对应的数据。

（8）如果要删除据透视表，其操作方法是：在数据透视表的任意位置单击，打开数据透视表工具"选项"选项卡。在"操作"组中单击"选择"下方的箭头 **选择**，然后选择"整个数据透视表"选项，按 Delete 键即可。

思考与综合练习

1. 建立如图 25-17 所示的数据表。

图 25-17 第 1 题

完成下面的操作：

（1）在 H 列添加 3 科的平均成绩，取两位小数显示格式。

（2）筛选出各专业中的男同学。

（3）筛选出各专业中男同学 3 科平均成绩大于或等于 80 分的学生。

（4）在第 18、19 和 20 行建立条件区，由第 22 行开始向下建立输出区。筛选并在输出区中得到计算机应用专业中男同学平均成绩大于或等于 80 分、低于 60 分的学生的姓名、各科成绩与平均成绩。

提示：建立条件区，如图 25-18 所示。

17	A	B	C	D	E	F	G	H
18	序号	专业	姓名	性别	科目1	科目2	科目3	平均成绩
19		计算机应用		男				>=80
20								<60
21								

图 25-18 建立条件区

（5）分类汇总各专业的人数，并在上面汇总的基础上进一步分类各专业总平均成绩。

（6）以"专业"为行字段、"性别"作为列字段、"平均成绩"作为数据项建立数据透视表，了解男、女同学的平均成绩的差异。

2．在 Excel 中，可以用许多方法对多个工作表中的数据进行合并计算。如果需要合并的工作表不多，可以用"合并计算"命令来进行。合并计算时，要求各表中包含一些类似的数据，每个区域的形状可以不同，但须包含有一些相同的行标题和列标题。

利用如图 25-19 所示的数据进行合并计算。

图 25-19 合并计算

3．工作簿 Excel.xlsx 文件中含有产品基本信息表、一季度销售情况表、二季度销售情况表和产品销售汇总图表，如图 25-20 至图 25-23 所示。

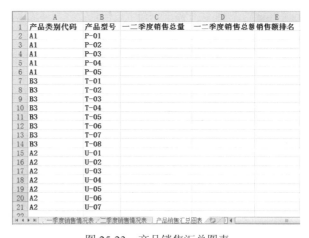

	A	B	C	D
1	产品类别代码	产品型号	单价（元）	
2	A1	P-01	1654	
3	A1	P-02	786	
4	A1	P-03	4345	
5	A1	P-04	2143	
6	A1	P-05	849	
7	B3	T-01	619	
8	B3	T-02	598	
9	B3	T-03	928	
10	B3	T-04	769	
11	B3	T-05	178	
12	B3	T-06	1452	
13	B3	T-07	625	
14	B3	T-08	3786	
15	A2	U-01	914	
16	A2	U-02	1208	
17	A2	U-03	870	
18	A2	U-04	349	
19	A2	U-05	329	
20	A2	U-06	489	
21	A2	U-07	1282	
22				

图 25-20 产品基本信息表

	B	C	D
1	产品型号	一季度销售量	一季度销售额（元）
2	P-01	231	
3	P-02	78	
4	P-03	231	
5	P-04	166	
6	P-05	125	
7	T-01	97	
8	T-02	89	
9	T-03	69	
10	T-04	95	
11	T-05	165	
12	T-06	121	
13	T-07	165	
14	T-08	86	
15	U-01	156	
16	U-02	123	
17	U-03	93	
18	U-04	156	
19	U-05	149	
20	U-06	129	
21	U-07	176	

图 25-21 一季度销售情况表

	A	B	C	D
1	产品类别代码	产品型号	二季度销售量	二季度销售额（元）
2	A1	P-01	156	
3	A1	P-02	93	
4	A1	P-03	221	
5	A1	P-04	198	
6	A1	P-05	134	
7	B3	T-01	119	
8	B3	T-02	115	
9	B3	T-03	78	
10	B3	T-04	129	
11	B3	T-05	145	
12	B3	T-06	89	
13	B3	T-07	176	
14	B3	T-08	109	
15	A2	U-01	211	
16	A2	U-02	134	
17	A2	U-03	99	
18	A2	U-04	165	
19	A2	U-05	201	
20	A2	U-06	131	
21	A2	U-07	186	

图 25-22 二季度销售情况表

	A	B	C	D	E
1	产品类别代码	产品型号	一二季度销售总量	一二季度销售总额	销售额排名
2	A1	P-01			
3	A1	P-02			
4	A1	P-03			
5	A1	P-04			
6	A1	P-05			
7	B3	T-01			
8	B3	T-02			
9	B3	T-03			
10	B3	T-04			
11	B3	T-05			
12	B3	T-06			
13	B3	T-07			
14	B3	T-08			
15	A2	U-01			
16	A2	U-02			
17	A2	U-03			
18	A2	U-04			
19	A2	U-05			
20	A2	U-06			
21	A2	U-07			
22					

图 25-23 产品销售汇总图表

按照要求完成下列操作并以文件名（Excel.xlsx）保存工作簿。

（1）分别在"一季度销售情况表""二季度销售情况表"工作表内，计算"一季度销售额"列和"二季度销售额"列内容，均为数值型，保留小数点后 0 位。

（2）在"产品销售汇总图表"内，计算"一二季度销售总量"和"一二季度销售总额"列内容，均为数值型，保留小数点后 0 位；在不改变原有数据顺序的情况下，按一二季度销售总额给出销售额排名。

（3）选择"产品销售汇总图表"内 A1:E21 单元格区域内容，建立数据透视表，行标签为产品型号，列标签为产品类别代码，求和计算一二季度销售额的总计，将表置于现工作表 G1 为起点的单元格区域内。

4．有工作簿 Excel.xlsx，存有某公司 2014 年 3 月的员工工资发放情况，如图 25-24 所示。

图 25-24 "2014 年 3 月"工作表

请根据下列要求完成对该工资表的整理和分析（提示：本题中若出现排序问题则采用升序方式）：

（1）通过合并单元格，将表名"东方公司 2014 年 3 月员工工资表"放于整个表的上端、居中，并调整字体、字号。

（2）在"序号"列中分别填入 1 到 15，将其数据格式设置为数值，保留 0 位小数，居中。

（3）将"基础工资"（含）往右各列设置为会计专用格式，保留 2 位小数，无货币符号。

（4）调整表格各列宽度、对齐方式，使得显示更加美观。并设置纸张大小为 A4、横向，整个工作表需调整在 1 个打印页内。

（5）利用 IF 函数计算"应交个人所得税"列（提示：应交个人所得税=应纳税所得额×对应税率-对应速算扣除数）。其中，"工资薪金所得税率"表的数据如图 25-25 所示。

全月应纳税所得额	税率	速算扣除数（元）
不超过1500元	3%	0
超过1500元至4500元	10%	105
超过4500元至9000元	20%	555
超过9000元至35000元	25%	1005
超过35000元至55000元	30%	2755
超过55000元至80000元	35%	5505
超过80000元	45%	13505

图 25-25 "工资薪金所得税率"工作表

（6）利用公式计算"实发工资"列，公式：实发工资=应付工资合计-扣除社保-应交个人所得税。

（7）复制工作表"2014 年 3 月"，将副本放置到原表的右侧，并命名为"分类汇总"。

（8）在"分类汇总"工作表中通过分类汇总功能求出各部门"应付工资合计""实发工资"的和，每组数据不分页。

5.（综合题）有文件 Excel.xlsx，其内容为我国主要城市的降水量的统计表，如图 25-26 所示。根据下列要求，完成有关统计工作。

（1）在"主要城市降水量"工作表中，将 A 列数据中城市名称的汉语拼音删除，并在城市名后面添加文本"市"，如"北京市"。

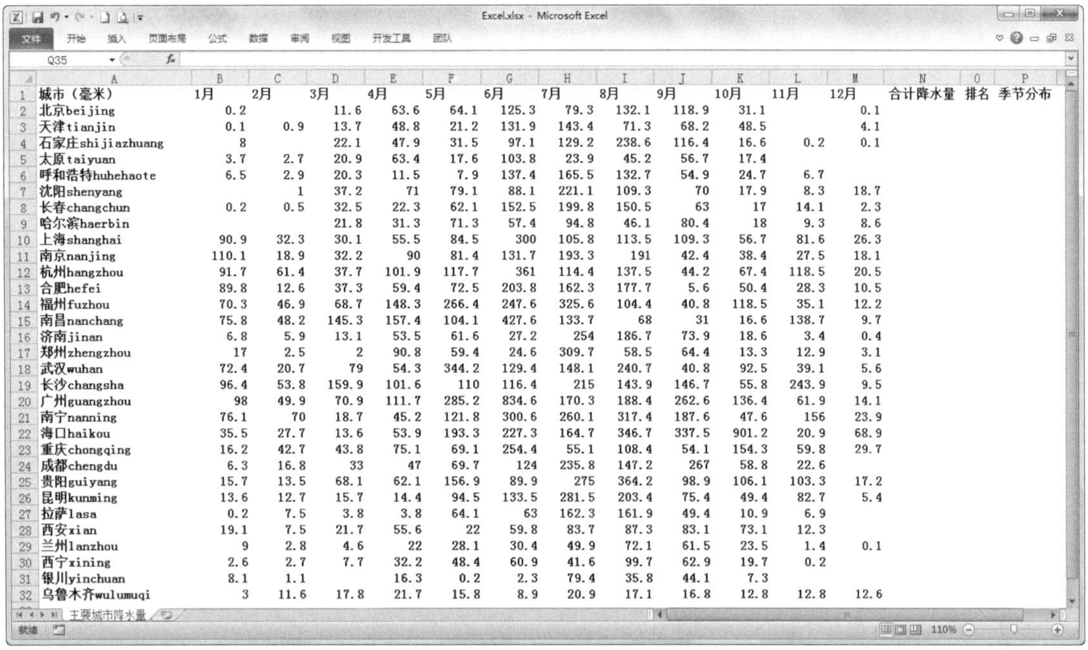

城市 (毫米)	1月	2月	3月	4月	5月	6月	7月	8月	9月	10月	11月	12月	合计降水量	排名	季节分布
北京beijing	0.2		11.6	63.6	64.1	125.3	79.3	132.1	118.9	31.1		0.1			
天津tianjin	0.1	0.9	13.8	48.8	21.2	131.9	143.4	71.3	68.2	48.5		4.1			
石家庄shijiazhuang	8		22.1	47.9	31.5	97.1	129.2	238.6	116.4	16.6	0.2	0.1			
太原taiyuan	3.7	2.7	20.9	63.4	17.6	103.8	2.9	45.2	56.7	17.4					
呼和浩特huhehaote	6.5	2.9	20.3	11.5	7.9	137.4	165.5	132.7	54.9	24.7	6.7				
沈阳shenyang		1	37.2	71	79.1	88.1	221.1	109.3	70	17.9	8.3	18.7			
长春changchun	0.2	0.5	32.5	22.3	62.1	152.5	199.8	150.5	63	17	14.1	2.3			
哈尔滨haerbin			21.8	31.3	71.3	57.4	94.8	46.1	80.4	18	9.3	8.6			
上海shanghai	90.9	32.3	30.1	55.5	84.5	300	105.8	113.5	109.3	56.7	81.6	26.3			
南京nanjing	110.1	18.9	32.2	90	81.4	131.7	193.3	191	42.4	38.4	27.5	18.1			
杭州hangzhou	91.7	61.4	37.7	101.9	117.7	361	114.4	137.5	44.2	61.7	118.5	20.5			
合肥hefei	89.8	12.6	37.3	59.4	72.5	203.8	162.3	177.7	5.6	50.4	28.3	10.5			
福州fuzhou	70.3	46.9	68.7	148.3	266.4	247.6	325.6	104.4	40.8	118.5	35.1	12.2			
南昌nanchang	75.8	48.2	145.3	157.4	104.1	427.6	133.7	68	31	16.6	138.7	9.7			
济南jinan	6.8	5.9	13.1	53.5	61.6	27.2	254	186.7	73.9	18.6	3.4	0.4			
郑州zhengzhou	17	2.5	2	90.8	59.4	24.6	309.7	58.5	64.4	13.3	12.9	3.1			
武汉wuhan	72.4	20.7	79	54.3	344.2	129.4	148.1	240.7	40.8	92.5	39.1	5.6			
长沙changsha	96.4	53.8	159.9	101.6	110	116.4	215	143.9	146.7	55.8	243.9	9.5			
广州guangzhou	98	49.9	70	111.7	285.2	834.6	170.3	188.4	262.6	136.4	61.9	14.1			
南宁nanning	76.1	70	18.7	45.2	121.8	300.6	260.1	317.4	187.6	47.6	156	23.9			
海口haikou	35.5	27.7	13.6	53.9	193.3	227.3	164.7	346.7	337.5	901.2	20.9	68.9			
重庆chongqing	16.2	42.7	43.8	75.1	69.1	254.4	55.1	108.4	54.1	154.3	59.8	29.7			
成都chengdu	6.3	16.8	33	47	69.7	124	235.8	147.2	267	58.8	22.6				
贵阳guiyang	15.7	13.5	68.1	62.1	156.9	89.9	275	364.2	98.9	106.1	103.3	17.2			
昆明kunming	13.6	12.7	15.7	14.4	94.5	133.5	281.5	203.4	75.4	49.4	82.7	5.4			
拉萨lasa	0.2	7.5	3.8	3.8	64.1	63	162.3	161.9	49.4	10.9	6.9				
西安xian	19.1	7.5	21.7	55.6	22	59.8	83.7	87.3	83.1	73.1	12.3				
兰州lanzhou	9	2.8	4.6	22	28.1	30.4	49.9	72.1	61.5	23.5	1.4	0.1			
西宁xining	2.6	2.7	7.7	32.2	48.4	60.9	41.6	99.7	62.9	19.7	0.2				
银川yinchuan	8.1	1.1		16.3	0.2	2.3	79.4	35.8	44.1	7.3					
乌鲁木齐wulumuqi	3	11.6	17.8	21.7	15.8	29	20.9	17.1	16.8	12.8	12.8	12.6			

图 25-26　"主要城市降水量"工作表

（2）将单元格区域 A1:P32 转换为表，为其套用一种恰当的表格格式，取消筛选和镶边行，将表的名称修改为"降水量统计"。

（3）将单元格区域 B2:M32 中所有的空单元格都填入数值 0；然后修改该区域的单元格数字格式，使得值小于 15 的单元格仅显示文本"干旱"；再为这一区域应用条件格式，将值小于 15 的单元格设置为"黄色填充深黄色文本"（注意：不要修改单元格中的数值本身）。

提示 1：选中"主要城市降水量"工作表的 B2:M32 数据区域，单击"开始"选项卡下"编辑"功能组中的"查找和选择"按钮，在下拉列表中选择"替换"命令，弹出"查找和替换"对话框，在"替换"选项的"查找内容"文本框中保持为空，不输入任何内容，在"替换为"文本框中输入 0，单击"全部替换"按钮，替换完成。

提示 2：继续选中工作表的 B2:M32 数据区域，单击"开始"选项卡下"样式"功能组中的"条件格式"命令，在下拉列表中使用鼠标指向"突出显示单元格规则"，在右侧的级联菜单中选择"小于"选项，弹出"小于"对话框，在对话框的"为小于以下值的单元格设置格式"文本框中输入 15，在"设置为"中选择"黄填充色深黄色文本"，最后单击"确定"按钮。

提示 3：继续选中工作表的 B2:M32 数据区域，单击"开始"选项卡下"单元格"功能组中的"格式"按钮，在下拉列表中选择"设置单元格格式"命令，弹出"设置单元格格式"对话框，在"数字"选项的"分类"列表框中选择"自定义"，在右侧的"类型"文本框中，首先删除"G/通用格式"，然后输入表达式"[<15]"干旱""。

（4）在单元格区域 N2:N32 中计算各城市全年的合计降水量，对其应用实心填充的数据条件格式，并且不显示数值本身。

（5）在单元格区域 O2:O32 中，根据"合计降水量"列中的数值进行降序排名。

提示：选中 O2 单元格，输入公式"=RANK.EQ(N2,$N$2:$N$32,0)"。

（6）在单元格区域 P2:P32 中，插入迷你柱形图，数据范围为 B2:M32 中的数值，并将高点设置为标准红色，如图 25-27 所示。

城市（毫米）	1月	2月	3月	4月	5月	6月	7月	8月	9月	10月	11月	12月	合计降水量	排名	季节分布
北京市	干旱	干旱	干旱	63.6	64.1	125.3	79.3	132.1	118.9	31.1	干旱	干旱		21	
天津市	干旱	干旱	干旱	48.8	21.2	131.9	143.4	71.3	68.2	48.5	干旱	干旱		23	
石家庄市	干旱	干旱	22.1	47.9	31.5	97.1	129.2	238.6	116.4	16.6	干旱	干旱		18	
太原市	干旱	干旱	20.9	63.4	17.6	103.8	23.9	45.2	56.7	17.4	干旱	干旱		28	
呼和浩特市	干旱	干旱	20.3	干旱	干旱	137.4	165.5	132.7	54.9	24.7	干旱	干旱		22	
沈阳市	干旱	干旱	37.2	71	79.1	88.1	221.1	109.3	70	17.9		18.7		16	
长春市	干旱	干旱	32.5	22.3	62.1	152.5	199.8	150.5	63	17	干旱			17	
哈尔滨市	干旱	干旱	21.8	31.3	71.3	57.4	94.8	46.1	80.4	18	干旱			26	
上海市	90.9	32.3	30.1	55.5	84.5	300	105.8	113.5	109.3	56.7	81.6	26.3		10	
南京市	110.1	18.9	32.2	90	81.4	131.7	193.3	191	42.4	38.4	27.5	18.1		13	
杭州市	91.7	61.4	37.1	101.9	117.7	361	114.4	137.5	44.2	67.4	118.5	20.5		8	
合肥市	89.8	干旱	37.1	59.4	72.5	203.8	162.3	177.7	干旱	50.4	28.3	干旱		15	
福州市	70.3	46.9	68.7	148.3	266.4	247.6	325.6	104.4	40.8	118.5	35.1	干旱		4	
南昌市	75.8	48.2	145.3	157.4	104.1	427.6	133.7	68	31	16.6	138.7	干旱		7	
济南市	干旱	干旱	干旱	53.5	61.6	27.2	254	186.7	73.9	18.6	干旱	干旱		19	
郑州市	17	干旱	干旱	90.8	59.4	24.6	309.7	58.5	64.4	干旱	干旱			20	
武汉市	72.4	20.7	79	54.3	344.2	129.4	148.1	240.7	40.8	92.5	39.1	干旱		9	
长沙市	96.4	53.7	159.9	101.6	110	116.4	215	143.9	146.7	55.8	243.9	干旱		5	
广州市	98	49.9	70.9	111.7	285.2	834.6	170.3	188.4	262.6	136.4	61.9	干旱		2	
南宁市	76.1	70	18.7	45.2	121.8	300.6	260.1	317.4	187.6	47.6	156	23.9		3	
海口市	35.5	27.7	干旱	53.9	193.3	227.3	164.7	346.7	337.5	901.2	20.9	68.9		1	
重庆市	16.2	42.7	43.8	75.1	69.1	254.4	55.1	108.4	54.1	154.3	59.8	29.7		14	
成都市	干旱	16.8	33	47	69.7	124	235.8	147.2	267	58.8	22.6	干旱		11	
贵阳市	15.7	干旱	68.1	62.1	156.9	89.9	275	364.2	98.9	106.1	103.3	17.2		6	
昆明市	干旱	干旱	15.7	干旱	94.5	133.5	281.5	203.4	75.4	49.4	82.7	干旱		12	
拉萨市	干旱	干旱	干旱	干旱	64.1	63	162.3	161.9	49.4	干旱	干旱	干旱		24	
西安市	19.1	干旱	21.7	55.6	22	59.8	83.7	87.3	83.1	73.1	干旱	干旱		25	
兰州市	干旱	干旱	干旱	22	28.1	30.4	49.9	72.1	61.5	23.5	干旱	干旱		29	
西宁市	干旱	干旱	干旱	32.2	48.4	60.9	41.6	99.7	62.9	19.7	干旱	干旱		27	
银川市	干旱	干旱	干旱	16.3	干旱	干旱	79.4	35.8	44.1	干旱	干旱	干旱		30	
乌鲁木齐市	干旱	干旱	17.8	21.7	15.8	干旱	20.9	17.1	16.8	干旱	干旱	干旱		31	

图 25-27　设置条件格式和插入迷你柱形图

（7）在 R3 单元格中建立数据有效性，仅允许在该单元格中填入单元格区域 A2:A32 中的城市名称；在 S2 单元格中建立数据有效性，仅允许在该单元格中填入单元格区域 B1:M1 中的月份名称；在 S3 单元格中建立公式，使用 INDEX 函数和 MATCH 函数，根据 R3 单元格中的城市名称和 S2 单元格中的月份名称，查询对应的降水量。以上三个单元格最终显示的结果为广州市 7 月份的降水量。

提示： 选中 S3 单元格，输入公式"=INDEX(降水量统计[[城市（毫米）]:[12 月]],MATCH(R3,降水量统计[城市（毫米）],0),MATCH(S2,降水量统计[[#标题],[城市（毫米）]:[12 月]],0))"。

（8）按照如下要求统计每个城市各月降水量以及在全年中的比重，并为其创建单独报告，完成效果如图 25-28 所示。

1）每个城市的数据位于一张独立的工作表中，工作表标签名为城市名称，如"北京市"。

2）求出如图 25-28 所示的各城市各月份降水量数据并放置于单元格区域 A3:C16 中，A 列中的月份按照 1～12 月顺序排列，B 列中为对应城市和月份的降水量，C 列为该月降水量占该城市全年降水量的比重。

3）不限制计算方法，可使用中间表格辅助计算，中间表格可保留在最终完成的文档中。

图 25-28　每个城市各月降水量以及在全年中的比重

操作步骤提示：

步骤 1：选中工作表"主要城市降水量"中的 A1:M32 数据区域，使用键盘上的 Ctrl+C 组合键复制该区域，然后在工作表右侧单击"插入工作表"按钮，新建一空白工作表 Sheet1，建立一个如图 25-29 所示的工作表。

图 25-29　建立中间辅助表

步骤 2：选中工作表 Sheet1 中的 A1:C373 数据区域，单击"插入"选项卡下"表格"功能组中的"数据透视表"按钮，弹出"创建数据透视表"对话框，采用默认设置，直接单击"确定"按钮。

步骤 3：参考考生文件夹中的"城市报告.png"文件，在新建的工作表中，将右侧的"数据透视表字段列表"中的"城市名称"字段拖动到"报表筛选"列表框中，将"月份"字段拖动到"行标签"列表框中，将"降水量"拖动两次到"数值"列表框中。

步骤 4：单击"数值"列表框中第二个"求和项:降水量2"右侧的下拉三角形按钮，在弹出的快捷菜单中选择"值字段设置"命令，弹出"值字段设置"对话框，将"自定义名称"设置为"全年占比"；切换到"值显示方式"选项卡，将"值显示方式"选择为"列汇总的百分比"，单击"确定"按钮。

步骤 5：双击工作表的 B3 单元格，弹出"值字段设置"对话框，在"自定义名称"行中输入标题"各月降水量"，单击"确定"按钮。

步骤 6：选中 A3 单元格，单击"数据透视表工具/选项"选项卡下的"数据透视表"功能组中的"选项"命令，弹出"数据透视表选项"对话框，切换到"显示"选项，取消勾选"显示字段标题和筛选下拉列表"复选框，单击"确定"按钮。

步骤 7：继续单击"选项"下拉命令，在下拉列表中选择"显示报表筛选页"，在弹出的"显示报表筛选页"对话框中，保存默认设置，单击"确定"按钮，即可批量生成每个城市各月降水量及在全年中的比重。

（9）在"主要城市降水量"工作表中，将纸张方向设置为横向，并适当调整其中数据的列宽，以便可以将所有数据都打印在一页 A4 纸内。

（10）为文档添加名称为"类别"，类型为文本，值为"水资源"的自定义属性。

操作步骤提示：

步骤 1：单击"文件"选项卡，打开 Office 后台视图，单击最右侧页面中的"属性"选项，在下拉列表中选择"高级属性"，弹出"Excel.xlsx 属性"对话框，切换到"自定义"选项卡，在"名称"文本框中输入"类别"；在"类型"文本框中选择"文本"；在"取值"文本框中输入"水资源"，最后单击"添加"按钮，单击"确定"按钮关闭对话框。

步骤 2：单击"快速访问工具栏"中的"保存"按钮，关闭工作簿。

实验二十六　Excel 数据的图形化

实验目的

（1）掌握嵌入图表和独立图表的建立方法。
（2）掌握图表的编辑，理解系列数据在行和列的含义。
（3）掌握不同类型图表和数据透视图的建立方法。
（4）理解工作表的打印设置和各种打印方法。

实验内容与操作步骤

实验 26-1　使用如图 26-1 的数据，创建反映销售人员销售数量的饼形图。

操作方法与步骤如下：

（1）启动 Excel，建立如图 26-1 所示的工作表，然后将工作簿以"销售.xlsx"为文件名存盘。

（2）单击数据清单中的任一单元格，再打开"插入"选项卡，单击"图表"组中的"饼图"按钮 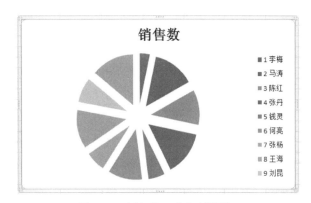。在弹出的饼图列表框中，选择"分离型饼图"（即第 2 个图型），如图 26-2 所示，Excel 工作区窗口上出现具有透明细线的绘图区。

图 26-1　某公司销售员销售的商品数量　　　　　图 26-2　插入的"分离型饼图"

要完成此操作，也可单击"图表"组右下角的"对话框启动器"按钮 ，依次单击"饼图"→"分离型饼图"→"确定"按钮，Excel 中出现所选定类型的图表区。

（3）在透明细线的图表区中，拖动四角和每条边中间的控制柄，用户可对图表进行移动、更改大小、复制和删除操作。

（4）单击图表工具"设计"选项卡，使用"图表样式"组可以更改图表的样式，本题的图表样式为"样式 28"。

单击"类型"组中的"更改图表类型"按钮 ，打开如图 26-3 所示的"更改图表类型"对话框。在该对话框，选择一个要更改的类型，如"簇状柱形图"。

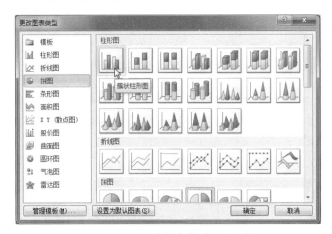

图 26-3　"更改图表类型"对话框

（5）打开图表工具"布局"选项卡，单击"标签"组中的"数据标签"按钮 ，在弹出的下拉列表框中，执行"数据标签外"命令。

（6）在图表区中单击标题区，选定标题，将标题文字改为"各销售员占销售数的比例"。

（7）单击图表区，打开图表工具"格式"选项卡，单击"形状样式"组中的"形状填充"按钮 形状填充 ，在弹出的命令列表框中，执行"渐变"菜单中的"其他渐变"命令，打开如图 26-4 所示的"设置图表区格式"对话框。

在"设置图表区格式"对话框中，使用"填充"中的"渐变填充"命令，选择一种颜色进行渐变填充，最终形成的饼图如图 26-5 所示。

图 26-4 "设置图表区格式"对话框　　　　图 26-5 最终形成的图表

实验 26-2 如图 26-6 所示的部分数据是某公司 2005 年和 2006 年度在北京、上海、广州和成都四个地区销售不同产品的销售情况。使用该表数据，创建反映不同地区在不同年度，销售人员销售产品的数据透视图，如图 26-7 所示。

编号	销售员	地区	年度	产品	销售数
			某公司产品销售情况		
S1	李梅	上海	2006	产品1	23
S2	刘林	北京	2005	产品2	20
S3	陈红	成都	2005	产品1	30
S4	张丹	广州	2006	产品1	60
S5	李梅	上海	2005	产品1	38
S6	李梅	上海	2006	产品2	78
S7	刘林	北京	2005	产品1	45
S8	陈红	成都	2006	产品1	40
S9	陈红	成都	2005	产品2	48
S10	刘林	北京	2006	产品1	50
S11	张丹	广州	2005	产品1	56
S12	张丹	广州	2006	产品1	60
S13	刘林	北京	2006	产品1	60
S14	陈红	成都	2006	产品1	46
S15	张丹	广州	2005	产品2	34
S16	李梅	上海	2005	产品2	17

图 26-6 某公司不同年度销售产品的部分数据

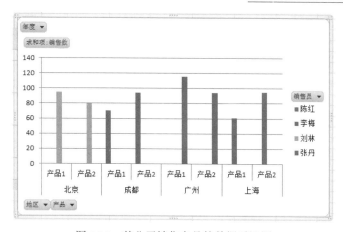

图 26-7 某公司销售产品的数据透视图

操作方法与步骤如下：

（1）启动 Excel，建立如图 26-5 所示的工作表，右击工作表标签 Sheet1，在快捷菜单中，选择"重命名"命令，将工作表重新命名为"销售数量"；单击"快速访问工具栏"上的"保存"按钮██，将工作簿以"数据透视图.xlsx"为文件名存盘。

（2）单击数据清单中的任一单元格，打开"插入"选项卡。单击"表格"组中的"数据透视表"按钮██，在弹出的下拉列表框中执行"数据透视图"命令，弹出"创建数据透视表及数据透视图"对话框，如图 26-8 所示。

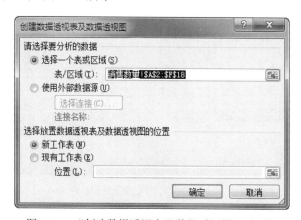

图 26-8 "创建数据透视表及数据透视图"对话框

（3）在"创建数据透视表及数据透视图"对话框中，在"表/区域"文本框中输入要分析的数据区域，本题为"销售数量!$A$2:$F$18"；在"选择放置数据透视表及数据透视图的位置"栏中，选择"新工作表"单选框。单击"确定"按钮后，Excel 新建了一张工作表，表中有数据透视表区、数据透视图表区和"数据透视表字段列表"任务窗格，如图 26-9 所示。

（4）与制作数据透视表类似，按下鼠标拖拽"年度"至布局区域中的"报表筛选"区，设置以年度分页；拖拽"地区""产品"至"轴字段（分类）"区，地区和产品分列显示；拖拽"销售员"数据项到"图例字段（系列）"区；拖拽"销售数"数据项至"Σ数值"区，以决定在数据透视表中显示的数据项。

图 26-9　新工作表

与此同时，在操作不同的字段时，数据透视表区、数据透视图表区会出现与之对应的变化，即 Excel 能自动生成数据透视表和数据透视图，如图 26-10 所示。

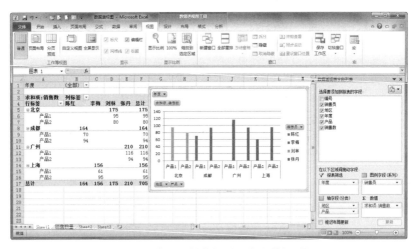

图 26-10　最终形成的数据透视表和数据透视图

实验 26-3　在一个有 20 名学生的班里，学生某学科成绩如图 26-11 所示，成绩介于 50～100 分之间。现将学生成绩按 59 分以下、60～69 分、70～79 分、80～89 分以及 90～100 分分成五组，试用直方图来表示该班学生成绩的分布情况。

注："直方图"分析工具可计算数据单元格区域和数据接收区域的单个和累积频率。

操作方法与步骤如下：

（1）启动 Excel，建立如图 26-11 所示的工作表，右击工作表标签 Sheet1，在快捷菜单中，选择"重命名"命令，将工作表重新命名为"成绩"。

（2）单击"保存"按钮 🔲，将工作簿以"直方图.xlsx"为文件名存盘。

（3）选中单元格 C1，建立分组数据，在 C2、C3、C4、C5 和 C6 单元格中分别输入 59、

69、79、89、100。

（4）打开"数据"选项卡，单击"分析"组中的"数据分析"按钮 **数据分析**，如图 26-12 所示，选取"直方图"，然后单击"确定"按钮。

图 26-11 学生成绩表　　　　　　　　图 26-12 "数据分析"对话框

注意：如果读者的计算机内无"数据分析"命令，可单击"文件"选项卡，打开文件后台菜单，执行"选项"命令，打开如图 26-13 所示的"Excel 选项"对话框。

图 26-13 "Excel 选项"对话框

单击"加载项"，然后再单击左下方的"转到"按钮，Excel 弹出如图 26-14 所示的"加载宏"对话框。

在此对话框中，选择"分析工具库"，单击"确定"按钮后，"数据"选项卡中有一个"分析"组，组中的一个"数据分析"按钮 **数据分析**。

（5）弹出"直方图"对话框，如图 26-15 所示。在"直方图"对话框中的"输入区域"文本框中输入待分析的数据区域$B$2:$B$21；在"接收区域"文本框中输入接收用来定义区域的边界值$C$2:$C$6；选中"标志"复选框，用于输入区域是否含有标志（标题）项；在"输出区域"文本框输入用于定义分析结果的输出区域$E$1；选中"柏拉图""累积百分率"和"图表输出"复选框。"图表输出"在输出表生成一个嵌入直方图。

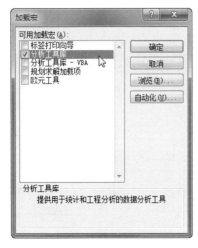

图 26-14　"加载宏"对话框

图 26-15　"直方图"对话框

（6）单击"确定"按钮，Excel 进行直方图计算，结果如图 26-16 所示。

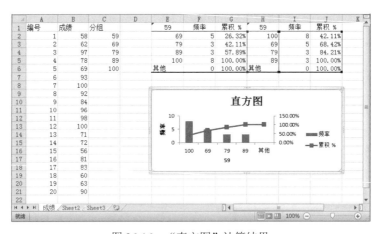

图 26-16　"直方图"计算结果

在图 26-16 所示的计算结果中，统计结果包括统计表和统计图两部分，从中可以很清楚地看到各个分组中成绩分布频率和累计百分比，如 90 分到 100 分之间的学生人数有 8 人，占全部的 40%。

实验 26-4 对工作簿文件"成绩单.xlsx"进行页面设置。

操作方法与步骤如下：

（1）启动 Excel，单击"快速访问工具栏"上的"打开"按钮，打开工作簿"成绩单.xls"。

（2）单击"页面布局"选项卡，Excel 功能区出现"页面布局"的各功能组，用户在此可对页面进行相关的设置,如设置打印区域等,本题使用"页面设置"对话框进行页面设置。

单击"页面设置"组右下角的"对话框启动器"按钮⧉,弹出"页面设置"对话框,如图 26-17 所示。

图 26-17 "页面设置"对话框

(3)单击"页面"选项卡,设置打印方向、打印比例、纸张大小和起始页码等。这里选择纸张大小为 A4,打印方向为"纵向",其他使用默认设置。

(4)单击"页边距"选项卡,输入数据到页边的距离及居中方式等。

(5)单击"页眉/页脚"选项卡,给打印的页面添加页眉和页脚。

(6)单击"工作表"选项卡,选择打印区域、是否打印网格线等。

(7)页面设置完毕后,单击"页面设置"对话框下方的"打印预览"(或单击"快速访问工具栏"中的"打印预览")按钮⧉,可进行打印预览以便观察打印效果。

(8)单击"页面设置"对话框下方的"打印"(或单击"快速访问工具栏"中的"打印")按钮⧉,可打印出全部页面。

(9)单击"文件"选项卡,弹出 Excel 后台菜单。单击其中的"打印"命令(或按 Ctrl+P 组合键),出现"打印"选项卡界面,如图 26-18 所示。

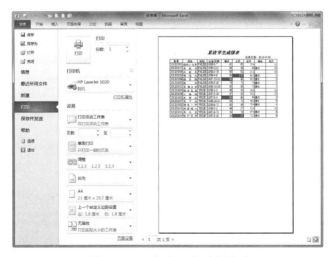

图 26-18 "打印"选项卡界面

（10）在该选项卡界面中，可选择打印机及选择打印的区域和打印范围等。单击"打印"按钮开始打印。

思考与综合练习

1．创建如图 26-19 所示的工作表数据和一个三维簇状柱形图。要求：创建的图表为独立图表，图表标题为"2003 年部分省市进出口商品比较图表"，X 轴标题为"地区"，Y 轴标题为"金额（万元）"。

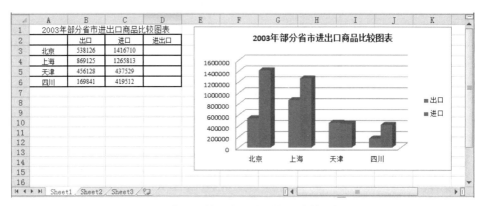

图 26-19　第 1 题数据表及绘制的三维簇状柱形图

2．绘制正弦线，如图 26-20 所示。

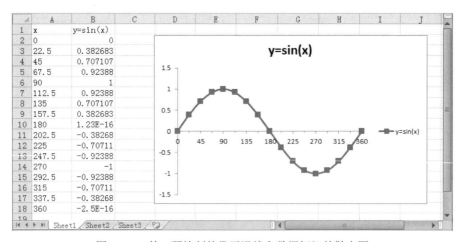

图 26-20　第 2 题绘制的带平滑线和数据标记的散点图

3．（综合题）如图 26-21 所示，"第一学期期末成绩.xlsx"文件中录入了初一年级三个班级部分学生成绩。

请根据下列要求对该成绩单进行整理和分析：

（1）请对"第一学期期末成绩"工作表进行格式调整，通过套用表格格式方法将所有的成绩记录调整为一致的外观格式，并对该工作表中的数据列表进行格式化操作：将第一列"学号"列设为文本格式，将所有成绩列设为保留两位小数的数值，设置对齐方式，增加适当的边框和底纹以使工作表更加美观。

图 26-21　"第一学期期末成绩"工作表

（2）利用"条件格式"功能进行下列设置：将语文、数学、外语三科中不低于 110 分的成绩所在的单元格以一种颜色填充，所用颜色深浅以不遮挡数据为宜。

（3）利用 SUM 和 AVERAGE 函数计算每一个学生的总分及平均成绩。

（4）学号第 4、5 位代表学生所在的班级，如："C120101"中的第 3、4 位为"01"，表示 1 班，"02"表示 2 班，依次类推。请通过函数提取每个学生所在的班级并按下列对应关系填写在"班级"列中。

学号中的第 3、4 位数	对应的班级
01	1 班
02	2 班
03	3 班

（5）根据学号，请在"第一学期期末成绩"工作表的"姓名"列中，使用 VLOOKUP 函数完成姓名的自动填充。"姓名"和"学号"的对应关系在"学号对照"工作表中，如图 26-22 所示。

（6）在"成绩分类汇总"中通过分类汇总功能求出每个班各科的最大值，并将汇总结果显示在数据下方。

（7）以分类汇总结果为基础，创建一个簇状条形图，对每个班各科最大值进行比较，"成绩分类汇总"工作表如图 26-23 所示。

图 26-22　"学号对照"工作表

提示 1：在 C3 单元格中输入公式"=IF(MID(A3,4,2)="01","1 班",IF(MID(A3,4,2)="02","2 班","3 班"))"，或"=MID(A7,5,1)&"班""，完成班级的自动填充。

提示 2：在 B3 单元格中输入公式"=VLOOKUP(A3,学号对照!$A$3:$B$20,2,0)"。

4.（综合题）有文件 Excel.xlsx，文件中有"销售情况表""商品单价"和"月统计表"三张工作表，各工作表部分数据如图 26-24 所示。

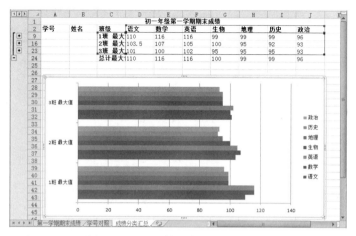

图 26-23 "成绩分类汇总"工作表

（a）"销售情况表"工作表

（b）"商品单价"工作表　　　　　　　　　（c）"月统计表"工作表

图 26-24 第 4 题各工作表及部分数据

根据下列要求对 Excel.xlsx 文件中的数据进行整理和分析。

（1）自动调整"销售情况表"表格数据区域的列宽、行高，将第 1 行的行高设置为第 2 行行高的 2 倍；设置表格区域各单元格内容水平垂直均居中，并更改文本"XX 公司销售情况表格"的字体、字号；将数据区域套用表格格式"表样式中等深浅 27""表包含标题"。

（2）对工作表进行页面设置，指定纸张大小为 A4、横向，调整整个工作表为 1 页宽、1 页高，并在整个页面水平居中。

（3）将表格数据区域中所有空白单元格填充数字 0（共 21 个单元格）。

（4）将"咨询日期"的月、日均显示为 2 位，如"2014/1/5"应显示为"2014/01/05"，并依据日期、时间先后顺序对工作表排序。

（5）在"咨询商品编码"与"预购类型"之间插入新列，列标题为"商品单价"，利用公式将工作表"商品单价"中对应的价格填入该列。

（6）在"成交数量"与"销售经理"之间插入新列，列标题为"成交金额"，根据"成交数量"和"商品单价"，利用公式计算并填入"成交金额"列。

（7）为销售数据插入数据透视表，数据透视表放置到一个名为"商品销售透视表"的新工作表中，透视表行标签为"咨询商品编码"，列标签为"预购类型"，对"成交金额"求和。数据透视表如图 26-25 所示。

图 26-25　"商品销售透视表"工作表

（8）打开"月统计表"工作表，利用公式计算每位销售经理每月的成交金额，并填入对应位置，同时计算"总和"列、"总计"行。统计结果如图 26-26 所示。

图 26-26　"月统计表"工作表

（9）在工作表"月统计表"的 G3:M20 区域中，插入与"销售经理成交金额按月统计表"数据对应的二维堆积柱形图，横坐标为销售经理，纵坐标为金额，并为每月添加数据标签，如图 26-27 所示。

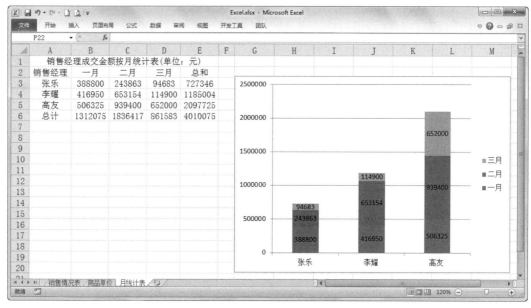

图 26-27 "销售经理成交金额按月统计表"二维堆积柱形图

第 9 章　PowerPoint 2010 演示文稿

实验二十七　PowerPoint 的使用初步

实验目的

（1）掌握 PowerPoint 2010（以下简称 PowerPoint）的启动与退出方法，了解 PowerPoint 窗口界面的组成。

（2）重点掌握利用模板和空演示文稿制作出演示文稿。

（3）学会在幻灯片上调整版式、录入文本、编辑文本等基本操作。

（4）学会正确放映演示文稿。

实验内容与操作步骤

实验 27-1　创建一个空白的演示文稿。

要创建一个空白的演示文稿，有 2 种方法：

方法 1：

在"快速访问工具栏"上单击"新建"按钮 □（或按 Ctrl+N 组合键），创建含有一张幻灯片的空白演示文稿，如图 27-1 所示。

图 27-1　空白演示文稿

方法 2：

（1）单击"文件"选项卡，在弹出的菜单界面中，单击"新建"选项卡，打开如图 27-2 所示的"新建"选项卡界面。

图 27-2　"新建"选项卡

（2）在右侧"可用的模板和主题"中，选择一个模板，如单击"样本模板"，打开"样本模板"列表界面，从中选择一个模板，单击"创建"按钮，创建一个具有一定内容的演示文稿。

注：如果选择来自"Office.com 模板"，则要求用户的计算机已连网。

本题双击"可用的模板和主题"中的"空白演示文稿"（或单击选择"空白演示文稿"，再单击"创建"按钮），可新建一个空白演示文稿。

实验 27-2　一般地，新建一演示文稿中的第一张幻灯片为标题幻灯片，其余幻灯片简称幻灯片。在实验 27-1 的基础上，完成如下操作。

（1）在第一张幻灯片的标题和副标题占位符中，输入文本"PowerPoint 2010 的使用"和"编者：多媒体技术教研室"。

（2）添加两张分别具有"垂直排列标题和文本"版式和具有"两栏内容"版式的新幻灯片。

操作方法和步骤如下：

（1）在"幻灯片/大纲"窗格中，选中第一张幻灯片。然后，单击"单击此处添加标题"占位符，输入内容"PowerPoint 2010 的使用"；在"单击此处添加副标题"占位符处输入文本"编者：多媒体技术教研室"。拖动占位符可调整占位符的大小和位置，如图 27-3 所示。

（2）打开"开始"选项卡，单击"幻灯片"组中的"新建幻灯片"按钮，弹出"版式"下拉列表框，如图 27-4 所示。

图 27-4 "版式"下拉列表框

图 27-3 调整占位符的大小和位置

（3）找到"垂直排列标题和文本"图标并单击，此时就插入了一张具有该版式的新幻灯片（用户也可将鼠标定位到"幻灯片/大纲"窗格所需要的地方，右击执行快捷菜单中的"新建幻灯片"命令，可插入一张幻灯片，但该幻灯片的版式为空白样式，用户需要利用"开始"→"幻灯片"组→"版式" 版式 命令修改）。

（4）用同样的方法可添加具有"两栏内容"版式的一张新幻灯片。

实验 27-3　在实验 27-2 的第二张幻灯片上添加文本，如图 27-5 所示。

操作方法与步骤如下：

（1）使用占位符添加文本。

在该幻灯片上，用户可看到标有"单击此处添加标题""单击此处添加文本"等字样的占位符，要插入文本对象时，只需单击这些占位符，即可在激活的文本区域内输入文本内容，如图 27-5 所示。

（2）使用文本框添加文本。

1）打开"插入"选项卡，单击"文本"组中的"文本框"按钮 文本框 ，在其展开的下拉列表框中，执行"横排文本框"或"垂直文本框"命令。

2）将鼠标指针移动到幻灯片上，拖拽鼠标画出一个文本框，如图 27-5 所示。

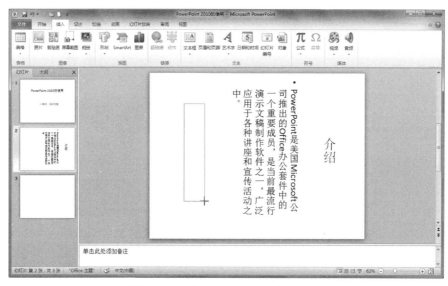

图 27-5　在幻灯片中插入一个文本框

3）当文本框出现后，便可在其中输入文本对象，如果文本框太小，则可单击文本框边缘，拖拽四周的控制句柄到适当位置即可。

在演示文稿的第二、三张幻灯片的标题占位符、文本或内容占位符分别输入如图 27-6、图 27-7 所示的内容。

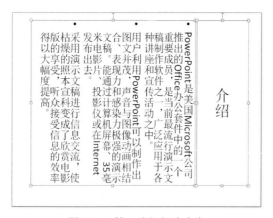

图 27-6　第二张幻灯片内容

图 27-7　第三张幻灯片内容

实验 27-4　对实验 27-3 创建的演示文稿进行保存、关闭、打开与放映。

操作方法与步骤如下：

（1）保存。直接单击"快速访问工具栏"上的"保存"按钮 ■（或按 Ctrl+S 组合键），可对演示文稿进行保存。第一次保存时，可打开"另存为"对话框，让演示文稿以文件名"PowerPoint 幻灯片的制作.pptx"存盘。

（2）关闭。单击"文件"选项卡中的"关闭"命令（或按下组合键 Ctrl+W），可关闭演示文稿文件。

（3）打开。单击"快速访问工具栏"上的"打开"按钮🖼（或单击"文件"选项卡，并执行"打开"命令，或按下组合键 Ctrl+O），可选择打开一个演示文稿。

（4）放映。打开"幻灯片放映"选项卡，单击"开始幻灯片放映"组的"从当前幻灯片开始"按钮📺（或按下组合键 Shift+F5，或单击右下角的"幻灯片放映"按钮🖵），则从当前幻灯片开始放映演示。如果单击"开始幻灯片放映"组的"从头开始"按钮📺（或按 F5 键），演示文稿从第一张幻灯片开始放映，以供设计者观察幻灯片效果。

实验 27-5　幻灯片的各种基本操作。

（1）插入幻灯片。插入一张幻灯片的方法如下：

1）在"幻灯片/大纲"窗格中，单击选择被插入幻灯片位置的前一张幻灯片（也可在两幻灯片之间单击），因为新的幻灯片被插入在当前幻灯片的后面。

2）打开"开始"选项卡，单击"幻灯片"组中的"新建幻灯片"按钮🖼，弹出幻灯片版式列表框，选择一种幻灯片版式即可

要插入一张新幻灯片，也可在"幻灯片/大纲"窗格中右击，执行快捷菜单中的"新建幻灯片"命令。

3）然后在幻灯片编辑窗格，输入并编辑内容。

（2）复制幻灯片。在"幻灯片/大纲"窗格中，单击被复制的幻灯片，当该幻灯片的外框出现一个粗的黄色边框时，按住 Ctrl 键的同时用鼠标拖动该幻灯片到新的位置，放开鼠标，就把幻灯片复制到新的位置了。

（3）删除幻灯片。在"幻灯片/大纲"窗格中，选中将要删除的幻灯片，按 Delete 键，或右击该幻灯版缩略图，执行快捷菜单中的"删除幻灯片"命令，即可将该幻灯片删除。

（4）缩放显示文稿。打开"视图"选项卡，单击"显示比例"组中的"显示比例"按钮🔍，在弹出的"显示比例"对话框中确定一个比例大小后，"幻灯片/大纲"幻灯片缩略图以及幻灯编辑窗口的界面都将发生变化。

如果单击"适应窗口大小"按钮🖼或 PowerPoint 系统窗口右下角的"使幻灯片适应当前窗口"按钮🎯，则幻灯片编辑窗口可自动调整幻灯片的显示比例。

（5）重新排列幻灯片的次序。在"幻灯片/大纲"窗格中，单击要改变次序的幻灯片，当该幻灯片的外框出现一个粗的黄色边框时，用鼠标拖动该幻灯片到新的位置，放开鼠标，就把幻灯片排到新的位置了。

思考与综合练习

1．试按以下步骤完成演示文稿的设计，最终形成的演示文稿，如图 27-8 所示。

（1）打开 PowerPoint 2010，以"波形"为主题，创建一个演示文稿，演示文稿最后以文件名"在校大学生人数与经济增长的关系.pptx"保存。

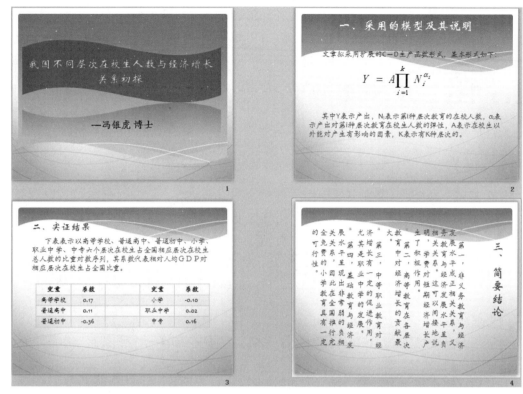

图 27-8　具有 4 张幻灯片的演示文稿

（2）将演示文稿的背景样式改为"样式 10"。

（3）在文稿的第一张幻灯片（即标题幻灯片）中，于"单击此处添加副标题"占位符中输入文本"—冯银虎 博士"；删除占位符"单击此处添加标题"。

（4）添加一个艺术字，样式为"填充-无，轮廓-强调文字颜色 2"，占位符宽 23 厘米，距离幻灯片左上角水平位置 1.1 厘米。

（5）设置艺术字形状效果为"半映像，接触"；更改艺术字形状为"波形"；形状填充为"红色"；形状轮廓为"无"。

（6）设置艺术字文本内容为"我国不同层次在校生人数与经济增长关系初探"，华文新魏，38 磅；文本填充色为"黄色"。

（7）插入一张版式为"两栏内容"的幻灯片，标题文字内容为：

一、采用的模型及其说明

第一栏文字内容为：

文章拟采用扩展的 C－D 生产函数形式，基本形式如下：

第二栏文字为：

其中 Y 表示产出，N_i 表示第 i 种层次教育的在校人数，α_i 表示产出对第 i 种层次教育在校生人数的弹性，A 表示在校生以外能对产生有影响的因素，K 表示有 K 种层次的。

第一栏和第二栏宽度为 23 厘米；文本字形为"楷体"；大小为 24 磅。

插入一个公式，内容为 $Y = A\prod_{i=1}^{k} N_i^{\alpha_i}$ 。

上述内容制作完成后，再调整各对象的适当位置。

（8）插入一张版式为"内容与标题"的幻灯片，标题文字内容为：

二、实证结果

文本占位符的内容为：

下表表示以高等学校、普通高中、普通初中、小学、职业中学、中专六个层次在校生占全国相应层次在校生总人数的比重对数序列，其系数代表相对人均 GDP 对相应层次在校生占全国比重。

单击"插入表格"图标，插入 4×5 的表格并录入内容。设置表格高 4.8 厘米，宽 20.06厘米；样式为"浅色样式 3-强调 5"。

（9）添加一张版式为"垂直排列标题和文本"的幻灯片，标题文本内容为：

三、简要结论

文本占位符文本内容如下：

第一，非义务教育与经济发展水平成正相关关系，义务教育与经济发展水平呈负相关关系。这可以间接地说明，学费对短期经济增长产生了积极作用。

第二，高等教育在各层次教育中对经济增长的贡献最大。

第三，中等职业教育对经济增长有一定的促进作用，尤其是职业中学的发展。

第四，基础教育与经济发展水平呈现出非常弱的负相关关系，因此在全国推行完全免费的小学教育具有一定的可行性。

2．制作一个四象限的幻灯片，如图 27-9 所示。

要求使用 SmartArt 矩阵图形，样式为"强烈效果"，所有文字为"微软雅黑"字体，并设置字号为 32 磅。

图 27-9　四象限的幻灯片

实验二十八　幻灯片的修饰和编辑

实验目的

（1）掌握对文本与段落的格式化操作。

（2）了解如何修改幻灯片的主题和背景样式。

（3）掌握和了解如何使用母版快速设置演示文稿的方法。

（4）了解在幻灯片中使用各种绘图工具，插入图片、声音等对象的操作。

实验内容与操作步骤

实验 28-1　对"PowerPoint 幻灯片的制作.pptx"演示文稿中的第二张幻灯片中的标题和文本进行格式化，具体要求如下：

（1）标题文本：字体为"华文新魏"；大小为 48；字型为"阴影"；颜色为"红色"；段落为左对齐。

（2）项目清单：字体为"华文细黑"；大小为 24；首行缩进 1.44 厘米；项目符号为一图片。

（3）第 2 项目所在段落行距设置：段前与段后为 12 磅。

操作方法与步骤如下：

（1）启动 PowerPoint 并打开演示文稿"PowerPoint 幻灯片的制作.pptx"。

（2）在"幻灯片/大纲"窗格中，单击第二张幻灯片，幻灯片编辑窗格出现第二张幻灯片。

（3）选定标题占位符，按要求设置标题文本的格式。

（4）单击文本占位符，按要求设置字体、大小、段落格式。

（5）单击第二段，打开"开始"选项卡，再单击"段落"组右下角的"对话框启动器"按钮，打开"段落"对话框，如图 28-1 所示，按要求设置第二段的段落格式。

图 28-1　"段落"对话框

（6）选定文本占位符，单击"段落"组中的"项目符号"按钮，设置项目符号为图片。

（7）格式化后的幻灯片，如图 28-2 所示。最后，按下组合键 Ctrl+S 对演示文稿进行保存。

图 28-2　幻灯片格式化后的效果图

　　实验 28-2　在"PowerPoint 幻灯片的制作.pptx"演示文稿的第一张幻灯片中插入一幅图片（"读书的男孩"）和一个线条，并对该图片和线条进行修饰。

　　操作方法与步骤如下：

　　（1）启动 PowerPoint 并打开"PowerPoint 幻灯片的制作.pptx"演示文稿。选择该文稿中的第一张幻灯片为当前幻灯片。

　　（2）打开"插入"选项卡，单击"图像"组中的"剪贴画"按钮，弹出"剪贴画"任务窗格。搜索"读书的男孩"，选择一张并插入到幻灯片中。

　　（3）根据幻灯片的布局，利用图片工具"格式"选项卡中的有关命令，设置该图片的大小为原图片大小的 150%，距离左上角水平位置 2 厘米，垂直位置 8 厘米。

　　（4）插入一个高为 0.8 厘米、宽为 12 厘米、填充颜色为预设的"茵茵绿原"渐变色的矩形。适当调整副标题的矩形的位置，修改后的幻灯片如图 28-3 所示。

图 28-3　插入并调整图片的大小与位置

　　（5）按下组合键 Ctrl+S 对演示文稿进行保存。

　　实验 28-3　修改演示文稿背景样式为"羊皮纸"，然后以主题"流畅"为修饰效果，同时设置背景样式为"样式 9"。

　　操作方法及步骤如下：

　　（1）启动 PowerPoint 并选择打开"PowerPoint 幻灯片的制作.pptx"演示文稿，并选择该文稿中的任意一张幻灯片为当前幻灯片。

　　（2）打开"设计"选项卡，单击"背景"组中的"背景样式"按钮，弹出其命令列表框，如图 28-4（a）所示。单击"设置背景格式"命令，打开"设置背景格式"对话框，如图 28-4（b）所示。

　　（3）在"设置背景格式"对话框，单击"填充"→"图片或纹理填充"选项，并在"纹理"列表框中选择一种纹理"羊皮纸"。单击"关闭"按钮，此设置将应用于当前幻灯片；单击"全部应用"，此设置将应用于演示文稿中的全部幻灯片。

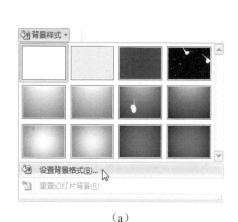

（a）　　　　　　　　　　　　　　　　（b）

图28-4　"背景样式"列表框和"设置背景格式"对话框

（4）打开"设计"选项卡，单击"主题"列表框按钮，在弹出的主题列表框中，单击选择一种主题，本例选择的主题是"流畅"；单击"背景"组中的"背景样式"按钮，在弹出的命令列表框，选择一种样式，本例是"样式9"。

注：主题设置后，前面设置的背景样式不起作用，除非重新改变背景的样式。此外，主题设置后，可能要影响各幻灯片中各对象的显示效果，用户须调整。

实验28-4　幻灯片母版可以控制幻灯片的格式，使用幻灯片母版修饰幻灯片。

使用母版修饰所有幻灯片的操作方法如下：

（1）启动PowerPoint并选择打开"PowerPoint幻灯片的制作.pptx"演示文稿。选择该文稿中的第一张幻灯片为当前幻灯片。

（2）在幻灯片视图中按Shift键不放，单击"普通视图"按钮，或打开"视图"选项卡，单击"母版视图"组中的"幻灯片母版"按钮，进入"幻灯片母版"视图，如图28-5所示。

（3）在"幻灯片母版"视图左侧窗格中，将鼠标移至某个母板时，PowerPoint系统会提示此母板是否能够使用。单击选择一种当前演示文稿使用的母板，如"标题幻灯片"的母板，即"标题幻灯片 版式：由幻灯片1使用"，此时"幻灯片母版"视图右侧窗格中显示出该母板的编辑窗格。

在"标题幻灯片"母板的编辑窗格中，它有5个占位符，用来确定幻灯片母版的版式。

（4）更改文本格式。选择幻灯片母版中对应的占位符，例如标题样式或文本样式等，可以设置字符格式、段落格式等。一旦母版中某一对象格式发生变化，那么它将影响标题幻灯片版式的所有幻灯片对象的格式，但其他幻灯片的版式将不受此影响。

（5）设置页眉、页脚和幻灯片编号。打开绘图工具"格式"选项卡，用户可使用"文本"组中的"日期和时间"和"幻灯片编号"命令，在"日期"和"幻灯片编号"占位符中插入日期和幻灯片编号。

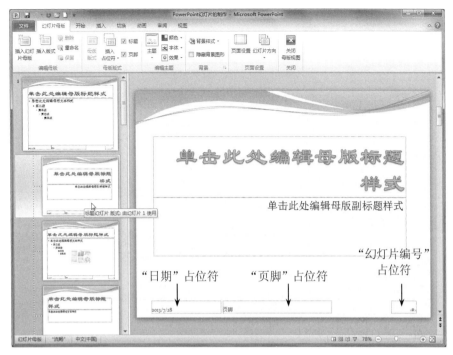

图 28-5　幻灯片母版设置

单击"文本"组中的"页眉和页脚"按钮 ，弹出"页眉和页脚"对话框，如图 28-6 所示。

图 28-6　"页眉和页脚"对话框

根据需要设置好各参数，单击"全部应用"按钮，页眉和页脚区设置完毕（直接单击"页脚"占位符，可编辑页脚信息）。

（6）在幻灯片母版中插入对象，可使同样版式的每一张幻灯片自动拥有该对象。同样地，可修改其他版式的幻灯片母板。

（7）单击"幻灯片"选项卡中的"关闭母板视图"按钮，关闭幻灯母板编辑视图。利用幻灯片母版修饰幻灯片的效果如图 28-7 所示。

图 28-7　使用幻灯片母版对幻灯片进行修饰效果图

思考与综合练习

1. 按如图 28-8 所示的 3 张幻灯片的内容，创建一演示文稿，主题为"暗香扑面"。其中，第 2 张幻灯片中的文本内容如下：

再别康桥

徐志摩，现代诗人。1921 年开始写诗，受 19 世纪英国浪漫主义诗人拜伦、雪莱等影响较深。诗人崇尚自然，他的人生理想即是对爱、自由、美的追求，凝结成一个理想的人生形式，便是与一个心灵，体态俱美的女子的自由结合。

他是中国"新月诗派"的代表。主要作品有《志摩的诗》《翡冷翠的一夜》《猛虎集》《云游》。

1931 年 11 月 9 日，诗人由南京乘飞机去北平，途中机坠人亡。

图 28-8　第 1 题中的 3 张幻灯片

第 3 张幻灯片的文本内容如下：

轻轻的我走了，
　　　正如我轻轻的来；
我轻轻的招手，
　　　作别西天的云彩。
那河畔的金柳，
是夕阳中的新娘；
波光里的艳影，
　　　在我的心头荡漾。
软泥上的青荇，
　　　油油的在水底招摇；
在康河的柔波里，

我甘心做一条水草！
那榆荫下的一潭，不是清泉，
　　　是天上虹；揉碎在浮藻间，
　　　沉淀着彩虹似的梦。
寻梦？
　　　撑一支长篙，
　　　向青草更青处漫溯；
满载一船星辉，
　　　在星辉斑斓里放歌。
但我不能放歌，
　　　悄悄是别离的笙箫；

夏虫也为我沉默，
　　　沉默是今晚的康桥！
悄悄的我走了，
　　　正如我悄悄的来；
我挥一挥衣袖，
　　　不带走一片云彩。
　　　　　　　十一月六日
注：写于 1928 年 11 月 6 日，初
载 1928 年 12 月 10 日《新月》月
刊第 1 卷第 10 号，署名徐志摩。

2. 按下列要求完成对此文稿的修饰并保存，最后结果如图 28-9 所示。

图 28-9 第 2 题的 3 张幻灯片

（1）使用 ContemporaryPhotoAlbum.potx 演示文稿模板修饰全文，全部幻灯片的切换效果为"溶解"。

（2）第一、二张幻灯片的标题设置为"隶书"，80 磅；文本设置为"楷体"、28 磅。第一张在备注区插入"梵高简介"。第二张幻灯片版式改为"标题和文本在内容之上"，在备注区插入"梵高名作"。

（3）将第三张幻灯片中的人物图片移到第一张幻灯片的右上角，大小为 6×5 厘米；向日葵图片移到第二张幻灯片的左上角，并适当调整位置。删除第三张幻灯片。

（4）第一张幻灯片中的人物图片的动画效果为"盒状""上一动画之后"；第二张幻灯片中的向日葵图片的动画效果为"随机线条""上一动画之后""垂直"。

（5）将最后一张幻灯片移动第一张幻灯片的位置，插入标题"梵高与向日葵"，设置为"隶书"、66 磅。

PPT 图片素材如图 28-10 所示。

第二张幻灯片内容如下：

荷兰画家梵高，后期印象画派代表人物，是 19 世纪人类最杰出的艺术家之一。他热爱生活，但在生活中屡遭挫折，艰辛备尝。他献身艺术，大胆创新，在广泛学习前辈画家伦勃朗等人的基础上，吸收印象派画家在色彩方面的经验，并受到东方艺术，特别是日本版画的影响，形成了自己独特的艺术风格，创作出许多洋溢着生活激情、富于人道主义精神的作品，表现了他心中的苦闷、哀伤、同情和希望，至今饮誉世界。

梵高出生在荷兰一个乡村牧师家庭。他是后印象派的三大巨匠之一。

图 28-10 第 2 题幻灯片图片素材

第三张幻灯片内容如下：

《向日葵》就是在阳光明媚灿烂的法国南部所作的。画像闪烁着熊熊的火焰，满怀炽热的激情，仿佛旋转不停的笔触是那样粗厚有力，色彩的对比也是单纯强烈的。然而，在这种粗厚和单纯中却又充满了智慧和灵气。观者在观看此画时，无不为那激动人心的画面效果而感叹，心灵为之震颤，激情也喷薄而出，无不跃跃欲试，共同融入到梵高丰富的主观感情中去。总之，梵高笔下的向日葵不仅仅是植物，而是带有原始冲动和热情的生命体。

实验二十九 设置幻灯片的切换、动画与跳转

实验目的

（1）掌握对幻灯片切换的设置与使用。

（2）了解并掌握幻灯片中动画设置技巧，学会对文字和图片元素进行动画设置。

（3）了解 PowerPoint 文档中各幻灯片间超链接与跳转的操作。

（4）掌握建立一个较完整的 PowerPoint 文档所需要的步骤与技术。

实验内容与操作步骤

实验 29-1 设置幻灯片放映时的切换效果。

操作方法和步骤如下：

（1）启动 PowerPoint 后，打开"PowerPoint 幻灯片的制作.ppxt"演示文稿，并选择第一张幻灯片。

（2）打开"切换"选项卡，单击"切换到此幻灯处"下拉列表按钮 ▼ ，在弹出的切换效果列表框中选择一种合适的效果，如"涡流"。

（3）在单击选定某一效果的同时，用户可观察到效果的动画画面，如果再次预览效果，可单击"切换"选项卡中的"预览"按钮 。

（4）当用户满意此切换效果后，再使用"切换"选项卡中的命令，对切换效果作进一步的修改，本例设置"效果选项"为"自右侧"；"声音"为"风声"。

（5）单击"全部应用"按钮 **全部应用**，可将此切换效果应用于全部幻灯片。

实验 29-2　在幻灯片中设置动画效果。

操作方法和步骤如下：

（1）启动 PowerPoint 后，打开"PowerPoint 幻灯片的制作.ppxt"演示文稿，并选择第一张幻灯片。

（2）单击或选定"标题"占位符，打开"动画"选项卡，单击"高级动画"组中的"动画窗格"按钮 **动画窗格**，打开"动画窗格"任务窗格，如图 29-1 所示。

图 29-1　"自定义动画"任务窗格

（3）单击"高级动画"组中的"添加动画"按钮 **添加动画**，弹出"添加动画"列表框。单击"更多进入效果"菜单，打开如图 29-2 所示的"添加进入效果"对话框。在"基本型"栏中单击选择效果"菱形"。

（4）在"效果选项"列表框中，单击"形状"栏处的"菱形"；在"方向"栏处选择"缩小"。

（5）单击"计时"组中的"开始"按钮 ▶ 开始：**单击时**，在其弹出的列表框中选择"上一动画之后"；在"持续时间"文本框中输入一个时间，如 2.00（秒），表示快慢。

依次对图片、副标题和矩形条对象设置动画效果如下。

图片：飞入、从右上部、上一动画之后之后，持续时间：2.25。

副标题：弹跳、上一动画之后之后，持续时间：2.25。

矩形条：擦除、自右侧、上一动画之后之后，持续时间：1.25。

图 29-2 "自定义动画"任务窗格

（6）向幻灯片添加完动画后，在"动画窗格"中按重新排序按钮 ↑ 或 ↓ 可调整动画顺序，单击"播放"按钮 ▶ 播放 ，可观察动画效果。

（7）所有对象的动画效果设置完毕后，单击 PowerPoint 窗口右下角"播放"按钮 🖵 ，观察设置好的动画效果。

注：除设置动画的进入效果外，还可设置强调、退出、其他路径以及 OLE 操作动作等效果。

实验 29-3 在幻灯片间建立超链接与跳转。

操作方法和步骤如下：

（1）超链接的设置。

1）打开"PowerPoint 幻灯片的制作.ppxt"演示文稿，并选中第 3 张幻灯片，如图 29-3 所示。

图 29-3 演示文稿中的第 3 张幻灯片

2）选中幻灯片文本中的"演示文稿的创建"项目。

3）打开"插入"选项卡，单击"链接"组中的"超链接"按钮，或右击，在弹出的快捷菜单中选择"超链接"命令，此时弹出"插入超链接"对话框，如图 29-4 所示。

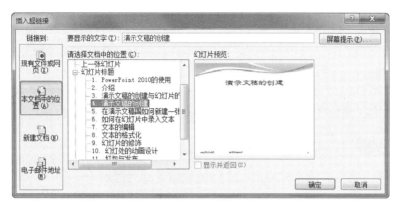

图 29-4　"插入超链接"对话框

4）在"链接到"栏处，单击"本文档中的位置"按钮，然后在"请选择文档中的位置"列表框中，单击选择"4.演示文稿的创建"。

5）单击"确定"按钮，超链接设置完毕。幻灯片在放映时，可单击超链接处，实现幻灯片的快速跳转切换。

（2）动作的设置。上面的设置是实现快速从第 3 张幻灯片跳转到第 4 张幻灯片，反过来在下面的设置中以动作的方式实现从第 4 张幻灯片跳转到第 3 张幻灯片。

1）在"幻灯处/大纲"窗格中的，单击选择第 4 张幻灯片。

2）打开"插入"选项卡，单击"插图"组中的"形状"按钮，在弹出的列表框中，单击"动作按钮"栏中的"后退或前一项"按钮，在当前幻灯片中适当位置上插入动作按钮。动作按钮插入后，系统弹出"动作设置"对话框，如图 29-5 所示。

图 29-5　"动作设置"的步骤

注：如果不小心关闭了"动作设置"对话框，可在"插入"选项卡中，单击"链接"组中的"动作"按钮。

3）在"动作设置"对话框中，有两种鼠标方式：单击鼠标和鼠标移过。鼠标方式是指使用鼠标的不同方法时，动作的响应方式。

4）在"动作设置"对话框中选择"超链接到"单选按钮，之后在其下拉列表框中选择"幻灯片"，打开"超链接到幻灯片"对话框，选择一张要链接的幻灯片。

5）两次单击"确定"按钮后，动作设置完成。按 Shift+F5 组合键放映幻灯片，当鼠标移动到项目标题处时，光标变成手形图标，单击此动作按钮，即可中转至指定的幻灯片。

思考与综合练习

1. 当某一章节的内容演示完毕后，希望能快速返回到起始幻灯片中，请在"PowerPoint 幻灯片的制作.ppxt"演示文稿结束的幻灯片中设置一个自定义返回按钮 返回到开始 ，使得在幻灯片放映时，单击该按钮可以返回到演示文稿的第一张幻灯片。

2. 在"PowerPoint 幻灯片的制作.ppxt"演示文稿中挑出第 1、3、5、7 张幻灯片，设计成"溶解"换片，每张幻灯片放映时间为 2s，并且设计成"循环"放映方式。

3. 一定还记得 2008 年奥运会开幕式的卷轴画卷吧：那晶莹剔透的画轴，给人梦幻般的感觉。它是高科技的成果，但也可以在 PowerPoint 中制作出画轴打开的效果，请完成此效果制作。

提示：

（1）新建一个演示文稿，幻灯片选择版式为"空白幻灯片"。

（2）编辑幻灯片中的内容。

①插入艺术字和图片。插入一个艺术字"春暖花开"，艺术字样式为"填充－红色，强调文字颜色 2，粗糙棱台"，文本形状效果为"双波形 2"；插入一幅图片，高为 11.26 厘米，宽为 21.5 厘米，如图 29-6 所示。

图 29-6　插入艺术字和图片

②插入自选图形。利用"绘图"工具栏中的"矩形"按钮，插入一个矩形，高为 12.4 厘米，宽为 22.75 厘米，形状填充色为"淡紫"。调整图片的位置，放置矩形中，并与矩形组合

为一个对象。

（3）制作画轴。

①绘制一个高 13 厘米、宽 1 厘米的矩形和一个高 1 厘米、宽 1 厘米的圆形。

②复制圆形，分别作为矩形的上下端，并与矩形组合为一个对象。

③设置"形状填充"，如图 29-7 所示。颜色为"红色，强调文字颜色 2"，"线性向右"渐变填充。

④复制，产生第二根画轴，如图 29-8 所示。

图 29-7　设置画轴填充效果

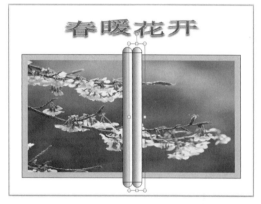

图 29-8　做好的画轴

（4）设置动画效果。

①选中图片组合对象，设置图片组合对象的进入动画效果为"劈裂"，效果选项为"中央向左右展开"，开始方式为"上一动画之后"，持续时间为"3.00"。

②分别设置两根画轴的进入动画效果为"出现"，开始方式为"与上一动画同时"，持续时间为"自动"。

③如图 29-9 所示，分别设置两根画轴的动作路径，动画为"直线"，方向分别为"靠左""靠右"。开始方式为"与上一动画同时"，持续时间"3.00"。

4. 制作如图 29-10 所示的幻灯片，实现的效果是：当单击铵钮 B、C、D 时，会弹出一个动画效果的说明，并发出一声爆炸声，再次单击该按钮时，说明隐藏。当单击按钮 A 时，则弹出"答对了，中国……"的文本标注，同时发出鼓掌声，且标注信息不隐藏。

提示：

（1）运行 PowerPoint，新建一个空白文档，幻灯片版式为"只有标题"。

（2）插入 4 个"自定义"按钮，添加适当的文字，调整它们的大小和位置；形状填充：线性向右渐变，橙色；将 4 个动作按钮分别链接到当前幻灯片。

（3）添加 4 个"爆炸形 2"的"星和旗帜"形状，添加适当的文字，调整它们的大小和位置。

图 29-9　画轴的动作路径　　　　　　　　　　图 29-10　第 4 题图

（4）设置形状的动画效果。右击其中一个形状（如答案 B 的形状），单击"动画"选项卡中的"添加动画"按钮，弹出动画列表，选择"进入"栏中的"出现"动画。

（5）单击"动画窗格"按钮，幻灯片编辑窗口的右侧出现动画窗格。

（6）在幻灯片编辑窗口中，单击选择一个形状，如第 2 个即"答错了，美国……"形状。此时，在动画窗格中被选中的形状动画出现黑色边框。右击该形状，在弹出的快捷菜单中，执行"效果选项"命令，如图 29-11 所示。

图 29-11　"动画窗格"与"效果选项"对话框

（7）紧接着会弹出"出现"对话框，在"效果"选项卡下，为它设置一种爆炸声音，并设为"下次单击后隐藏"，声音设置为"爆炸"。

（8）设置触发器，触发器的作用是使在单击按钮 B 时启动标注动画。在上面的对话框中单击"计时"选项卡中的"触发器"按钮进行设置，本题将触发器连接到第 2 个动作按钮即"B. 美国"。

（9）其他几个形状的设置类似，只是在设置答案 A 的标注时，将声音设为"鼓掌"，"播放动画后"设为"不变暗"。

5.（综合题）下面为北京某节水展馆制作一份宣传水知识及节水工作重要性的演示文稿。北京某节水展馆提供的文字资料及素材如下：

一、水的知识

1. 水资源概述

目前世界水资源达到 13.8 亿立方千米，但人类生活所需的淡水资源却只占 2.53%，约为 0.35 亿立方千米。我国水资源总量位居世界第六，但人均水资源占有量仅为 2200 立方米，为世界人均水资源占有量的 1/4。

北京属于重度缺水地区。全市人均水资源占有量不足 300 立方米，仅为全国人均水资源量的 1/8，世界人均水资源量的 1/30。

北京水资源主要靠天然降水和永定河、潮白河上游来水。

2. 水的特性

水是氢氧化合物，其分子式为 H_2O。

水的表面有张力，水具有导电性，可形成虹吸现象。

3. 自来水的由来

自来水不是自来的，它是经过一系列水处理净化过程生产出来的。

二、水的应用

1. 日常生活用水

做饭喝水、洗衣洗菜、洗浴冲厕。

2. 水的利用

水冷空调、水与减震、音乐水雾、水利发电、雨水利用、再生水利用。

3. 海水淡化

海水淡化技术主要有：蒸馏、电渗析、反渗透。

三、节水工作

1. 节水技术标准

北京市目前实施了五大类 68 项节水相关技术标准。其中包括：用水器具、设备、产品标准；水质标准；工业用水标准；建筑给水排水标准、灌溉用水标准等。

2. 节水器具

使用节水器具是节水工作的重要环节，生活中节水器具主要包括：水龙头、便器及配套系统、沐浴器、冲洗阀等。

3. 北京五种节水模式

分别是：管理型节水模式、工程型节水模式、科技型节水模式、公众参与型节水模式、循环利用型节水模式。

制作要求如下：

（1）标题页包含演示主题、制作单位（北京节水展馆）和日期（XXXX 年 X 月 X 日）。

（2）演示文稿须指定一个主题，幻灯片不少于 5 页，且版式不少于 3 种。

（3）演示文稿中除文字外要有 2 张以上的图片，并有 2 个以上的超链接进行幻灯片之间的跳转。

（4）动画效果要丰富，幻灯片切换效果要多样。

（5）演示文稿播放的全程需要有背景音乐。

（6）将制作完成的演示文稿以"水资源利用与节水.pptx"为文件名进行保存。

制作完毕后的演示文稿，如图 29-12 所示。

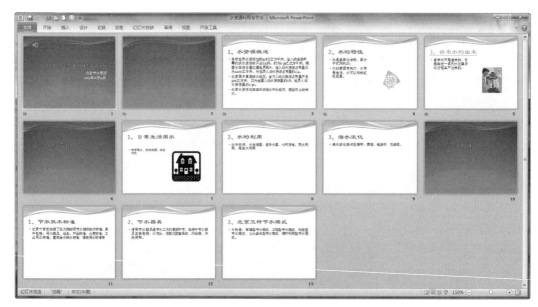

图 29-12　完成后的演示文稿样式

6．利用 PowerPoint 制作课件，要求如下：

（1）包含两张幻灯片。在第 1 张幻灯片中插入一张剪贴画，将剪贴画移到页面的左上角；在第 2 张幻灯片中插入一张来自于文件的图片，将图片移到页面的右侧。

（2）在第 1 张幻灯片中输入一段横排文字。文字格式："楷体""3 号""加粗""红色"。

（3）在第 2 张幻灯片中输入一列竖排文字，然后将文字进行个性化的修饰。

（4）将第 1 张幻灯片的切换效果设置为垂直"百叶窗"；将第 2 张幻灯片的切换效果设置为切出"缩放"。

（5）将第 1 张幻灯片的图片动画设置成"向内溶解"，持续时间为 2.00，开始方式为"上一动画之后"；将文字动画设置成"空翻"，持续时间为 2.75，开始方式为"上一动画之后"。

（6）将第 2 张幻灯片的图片动画设置成持续时间为 1.00 秒的自左侧"飞入"；将第 2 张幻灯片的文字动画设置成持续时间为 1.50 秒的自顶部"擦除"。

（7）将两张幻灯中图片和文字的出场顺序调整为：第 1 张幻灯片先图片后文字；第 2 张幻灯片先文字后图片。

（8）在第 1 张幻灯片中插入一个背景音乐，要求幻灯片放映时自动播放，并一直到幻灯片播放结束；播放时隐藏音频图标。

（9）以 exer1.pptx 为文件名保存，并打包演示文稿。

（10）使用幻灯片播放器 PPTVIEW.exe 播放 exer1.ppt（如果没有幻灯片播放器 PPTVIEW.exe，请到从微软下载中心 http://www.microsoft.com/zh-cn/download/details.aspx? id=13 下载）。

7.（综合题）请按照下面题目要求完成操作。

现有素材文档"北京主要景点介绍-文字.docx"，其内容如下：

天安门坐落在中国北京市中心，故宫的南端，与天安门广场隔长安街相望，是明清两代北京皇城的正门。设计者为明代的御用建筑匠师蒯祥。天安门位于北京城的传统的中轴线上，由城台和城楼两部分组成，造型威严庄重，气势宏大，是中国古代城门中最杰出的代表作。

北京故宫，旧称紫禁城，是中国明清两代 24 位皇帝的皇宫，是无与伦比的古代建筑杰作，也是世界现存最大、最完整的木质结构的古建筑群。

故宫宫殿建筑均是木结构、黄琉璃瓦顶、青白石底座，饰以金碧辉煌的彩画。被誉为世界五大宫之一（北京故宫、法国凡尔赛宫、英国白金汉宫、美国白宫、俄罗斯克里姆林宫）。

故宫的建筑沿着一条南北向中轴线排列并向两旁展开，南北取直，左右对称。依据其布局与功用分为"外朝"与"内廷"两大部分，以乾清门为界，乾清门以南为外朝，以北为内廷。外朝、内廷的建筑气氛迥然不同。

八达岭长城位于北京市延庆县军都山关沟古道北口，是明长城中保存最好，也最具代表性的地段，为联合国"世界文化遗产"之一。

八达岭长城典型地表现了万里长城雄伟险峻的风貌。作为北京的屏障，这里山峦重叠，形势险要。气势极其磅礴的城墙南北盘旋延伸于群峦峻岭之中。依山势向两侧展开的长城雄峙危崖，陡壁悬崖上古人所书的"天险"二字，确切地概括了八达岭位置的军事重要性。

八达岭长城驰名中外，誉满全球。是万里长城向游人开放最早的地段。"不到长城非好汉"。迄今，先后有尼克松、里根、撒切尔、戈尔巴乔夫、伊丽莎白等 372 位外国首脑和众多的世界风云人物登上八达岭观光游览。

颐和园位于北京西北郊海淀区内，距北京城区 15 千米，是我国现存规模最大，保存最完整的皇家园林之一，也是享誉世界的旅游胜地之一。

颐和园是利用昆明湖、万寿山为基址，以杭州西湖风景为蓝本，汲取江南园林的某些设计手法和意境而建成的一座大型天然山水园，也是保存得最完整的一座皇家行宫御苑，被誉为皇家园林博物馆。

鸟巢，即中国国家体育场，因其奇特外观而得名，位于北京奥林匹克公园中心区南部，为 2008 年第 29 届奥林匹克运动会的主体育场。

鸟巢由 2001 年普利茨克奖获得者雅克•赫尔佐格、德梅隆与中国建筑师李兴刚等合作设计。整体采用"曲线箱形结构"，建筑工艺先进。看台通过多种方式满足不同时期不同观众量的要求。

为进一步提升北京旅游行业整体队伍素质，打造高水平、懂业务的旅游景区建设与管理队伍，北京旅游局将为工作人员进行一次业务培训，主要围绕北京主要景点进行介绍，包括文字、图片、音频等内容。请根据素材文档"北京主要景点介绍-文字.docx"，帮助主管人员完成制作任务，具体要求如下：

（1）新建一份演示文稿，并以"北京主要旅游景点介绍.pptx"为文件名进行保存。

（2）第1张标题幻灯片中的标题设置为"北京主要旅游景点介绍"，副标题为"历史与现代的完美融合"。

（3）在第1张幻灯片中插入歌曲"北京欢迎你.mp3"，设置为自动播放，并设置声音图标在放映时隐藏。

（4）第2张幻灯片的版式为"标题和内容"，标题为"北京主要景点"，在文本区域中以项目符号列表方式依次添加下列内容：天安门、故宫博物院、八达岭长城、颐和园、鸟巢。

（5）自第3张幻灯片开始按照天安门、故宫博物院、八达岭长城、颐和园、鸟巢的顺序依次介绍北京各主要景点，相应的文字素材"北京主要景点介绍-文字.docx"以及图片文件均存放于考生文件夹下，要求每个景点介绍占用一张幻灯片。

（6）最后1张幻灯片的版式设置为"空白"，并插入艺术字"谢谢"。

（7）将第2张幻灯片列表中的内容分别超链接到后面对应的幻灯片，并添加返回到第2张幻灯片的动作按钮。

（8）为演示文稿选择一种设计主题，要求字体和整体布局合理、色调统一，为每张幻灯片设置不同的幻灯片切换效果以及文字和图片的动画效果。

（9）除标题幻灯片外，其他幻灯片的页脚均包含幻灯片编号、日期和时间。完成后的演示文稿如图29-13所示。

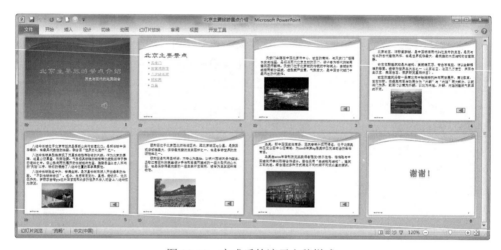

图29-13　完成后的演示文稿样式

（10）设置演示文稿放映方式为"循环放映，按ESC键终止"，换片方式为"手动"。

8.（综合题）请按照下面题目要求完成操作。

第十二届全国人民代表大会第三次会议政府工作报告中看点众多，精彩纷呈。素材放于"文本素材.docx"及相关图片文件，其中"文本素材.docx"的内容如下：

图解今年年施政要点（标题）

2015年两会特别策划（副标题）

一、经济

（图片：Eco1.jpg~Eco6.jpg，每幻灯片3个图片，上2下1）

二、民生

（图片：Ms1.jpg ~ Ms6.jpg，4*6cm，一页幻灯片）

（以下 7 个要点对应图标 Icon1.jpg ~ Icon7.jpg）

- 养老金
    企业退休人员基本养老金标准提高 10%
- 对外开放
    进出口总额预期增长 6%左右
- 稳增长
    中央预算内投资拟增加到 4776 亿元
- 用电
    力争让最后 20 多万无电人口都用上电
- 医疗卫生
    全面推行县级公立医院综合改革
    在 100 个地级以上城市进行公立医院改革试点
- 基础设施建设
    铁路投资要保持在 8000 亿元以上
    新投产里程 8000 公里以上
- 环境保护
    能量消耗强度要降低 3.1%以上
    二氧化碳排放强度要降低 3.1%以上

三、政府工作需要把握的要点

1. 稳定和完善宏观经济政策
2. 保持稳增长与调结构的平衡
3. 培育和催生经济社会发展新动力

谢谢

（图片：End.jpg）

制作幻灯片使用的相关图片如图 29-14 所示。

为了更好地宣传大会精神，新闻编辑小王需制作一个演示文稿，具体要求如下：

（1）演示文稿共包含 8 张幻灯片，分为节，节名分别为"标题""第一节""第二节""第三节""致谢"，各节所包含的幻灯片页数分别为 1、2、3、1、1 张；每一节的幻灯片设为同一种切换方式，节与节的幻灯片切换方式均不同；设置幻灯片主题为"角度"。将演示文稿保存为"图解 2015 施政要点.pptx"，后续操作均基于此文件。

（2）第 1 张幻灯片为标题幻灯片，标题为"图解今年年施政要点"，字号不小于 40；副标题为"2015 年两会特别策划"，字号为 20。

（3）"第一节"下的两张幻灯片，标题为"一、经济"，展示考生文件夹下 Eco1.jpg ~ Eco6.jpg 的图片内容，每张幻灯片包含 3 幅图片，图片在锁定纵横比的情况下高度不低于 125px；设置第一张幻灯片中幅图片的样式为"剪裁对角线，白色"，第二张中幅图片的样式为"棱台矩形"；设置每幅图片的进入动画效果为"上一动画之后"。

Eco1.jpg

Eco2.jpg

Eco3.jpg

Eco4.jpg

Eco5.jpg

Eco6.jpg

Ms1.jpg

Ms2.jpg

Ms3.jpg

Ms4.jpg

Ms5.jpg

Ms6.jpg

Icon1.jpg

Icon2.jpg

Icon3.jpg

Icon4.jpg

Icon5.jpg

Icon6.jpg

Icon7.jpg

End.jpg

图 29-14　幻灯片中相关的图片

（4）"第二节"下的三张幻灯片，标题为"二、民生"，其中第一张幻灯片内容为考生文件夹下 Ms1.jpg～Ms6.jpg 的图片，图片大小设置为 100px（高）×150px（宽），样式为"居中矩形阴影"，每幅图片的进入动画效果为"上一动画之后"；在第二、三张幻灯片中，利用"垂直图片列表"SmartArt 图形展示"文本素材.docx"中的"养老金"到"环境保护"七个要点，图片对应 Icon1.jpg～Icon7.jpg，每个要点的文字内容有两级，对应关系与素材保持一致。要求第二张幻灯片展示 3 个要点，第三张展示 4 个要点；设置 SmartArt 图形的进入动画效果为"逐个""与上一动画同时"。

（5）"第三节"下的幻灯片，标题为"三、政府工作需要把握的要点"，内容为"垂直框列表"SmartArt 图形，对应文字参考考生文件夹下"文本素材.docx"。设置 SmartArt 图形的进入动画效果为"逐个""与上一动画同时"。

（6）"致谢"节下的幻灯片，标题为"谢谢！"，内容为考生文件夹下的"End.jpg"图片，图片样式为"映像圆角矩形"。

（7）除标题幻灯片外，在其他幻灯片的页脚处显示页码。

（8）设置幻灯片为"循环"放映方式，每张幻灯片的自动切换时间为 10 秒钟。

最后，形成的幻灯片整体效果如图 29-15 所示。

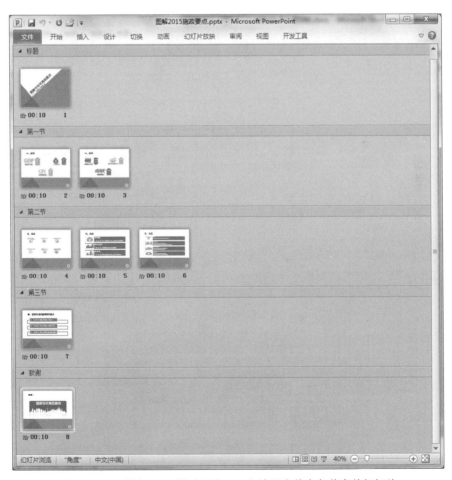

图 29-15　"图解 2015 施政要点.pptx"演示文稿中各节有关幻灯片

幻灯片每节具体内容如下：

（1）标题：

（2）第一节

（3）第二节

（4）第三节

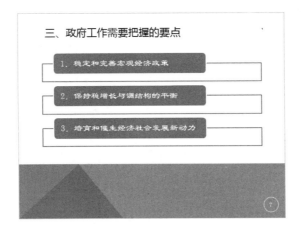

（5）致谢

9．（综合题）请按照下面题目要求完成操作。

（1）创建一个演示文稿，文件名为 PPT.pptx。演示文稿含有 13 张幻灯片，其中第 1 张幻灯片为"标题"幻灯片，其余各张为"标题和内容"幻灯片，第 13 张幻灯片内容空白。

演示文稿各幻灯片内容如下：

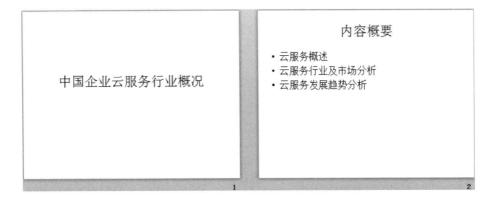

云服务分类

- SaaS-软件即服务
  - 面向对象:企业/个人
  - 交付物:软件应用
  - 具体包括:管理型应用，业务型应用，行业型应用
- PaaS-平台即服务
  - **面向对象:开发者**
  - 交付物:单项能力
  - 具体包括:数据分析，人工智能，语音识别，图像识别等
- IaaS-基础设施即服务
  - 面向对象:企业/开发者
  - 交付物:基础资源
  - 具体包括:计算，存储，网络

3

云服务特点

- 云服务包括随时接入、自助服务、资源共享、弹性扩展、服务可计量等特点。私有云并不符合云服务的全部特点，严格讲只能算是IT系统的一次架构升级。但由于数据安全的重要性、大量的既有硬件资源等因素，致使在相当长的一段时间内，不可能所有应用都上公有云。能够提高资源利用效率和开发运维一体化程度的私有云，仍有相当大的价值和市场。
- 限时接入
- 自助服务
- 资源共享
- 弹性扩展
- 服务可计量

4

云计算与大数据的关系

- 大数据是云计算支撑的多个应用方向之一。云计算和大数据密不可分，相异不相同。
  - 1
    - 云计算解决系统架构问题，大数据解决业务架构问题。
  - 2
    - 大数据的体量大、维度多和实时等特点，提高了云计算的用户接受。
  - 3
    - 大数据处理中的新需求促使云计算的软硬件不断发展。
  - 4
    - 大数据的数据分析结果同时反作用于云计算。
  - 5
    - 大数据中的分布式计算和存储本身即是云计算的重要组成部分。

5

内容概要

- 云服务概述
- 云服务行业及市场分析
- 云服务发展趋势分析

6

市场规模

年份	市场规模（亿元）	同比增长率（%）
2015年	394.0	
2016年	520.5	32.1%
2017年	673.5	29.4%
2018年	826.3	22.7%
2019年	1064.5	28.8%

服务种类	市场规模（亿元）
PaaS	12.6
SaaS	127.5
IaaS	101.4

7

企业竞争格局

- 从客户数量、营收规模来看：IaaS层中几家主流云服务商占据80%以上份额。PaaS层中市场被大量的小企业瓜分。SaaS层中互联网公司产品拥有最多的客户数量，转型软件企业拥有最多的云业务营收，有大量初创企业涌现。

8

内容概要

- 云服务概述
- 云服务行业及市场分析
- 云服务发展趋势分析

9

行业趋势一：服务分层淡化

- IaaS、PaaS和SaaS不再有明显界线。

10

行业趋势二：多种技术要素相互融合

- 云计算、大数据、人工智能、物联网、区块链融合为新平台。
- IaaS+ PaaS
  - 云计算
  - 大数据
  - 人工智能
  - 物联网
  - 区块链

行业趋势三：云服务商生态化发展

（2）按照如下要求设计幻灯片母版：

1）将幻灯片的大小修改为"全屏显示（16:9）"。

2）设置幻灯片母版标题占位符的文本格式，中文字体为"微软雅黑"，西文字体为 Arial，并添加一种恰当的艺术字样式；设置幻灯片母版内容占位符的文本格式，中文字体为"幼圆"，西文字体为 Arial。

3）从网上下载如图 29-16 所示的两幅背景图片（或类似），分别作为"标题幻灯片"版式的背景和"标题和内容"版式"内容与标题"版式以及"两栏内容"版式的背景。

（a）　　　　　　　　　　　　　　　　（b）

图 29-16　背景图片

（3）将第 2 张、第 6 张和第 9 张幻灯片中的项目符号列表转换为 SmartArt 图形，布局为"梯形列表"，主题颜色为"彩色轮廓-强调文字颜色 1"，并对第 2 张幻灯片左侧形状，第 6 张幻灯片中间形状，第 9 张幻灯片右侧形状应用"细微效果-水绿色，强调颜色 5"的形状样式。

（4）将第 3 张幻灯片中的项目符号列表转换为布局为"水平项目符号列表"的 SmartArt 图形，适当调整其大小，并应用恰当的 SmartArt 样式。

（5）将第 4 张幻灯片的版式修改为"内容与标题"，将原内容占位符中首段文字移动到左侧文本占位符内，适当加大行距；将右侧剩余文本转换为布局为"圆箭头流程"的 SmartArt 图形，并应用恰当的 SmartArt 样式。

（6）将第 7 张幻灯片的版式修改为"两栏内容"，参考如图 29-17 所示的效果。

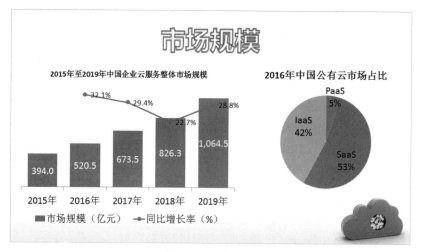

图 29-17　效果图

将上方和下方表格中的数据分别转换为图表（不得随意修改原素材表格中的数据），并按下表要求设置格式：

柱形图与折线图	
主坐标轴	"市场规模（亿元）"系列
次坐标轴	"同比增长率（%）"系列
图表标题	2015 年至 2019 年中国企业云服务整体市场规模
数据标签	保留 1 位小数
网格线、纵坐标轴标签和线条	无
折线图数据标记	内置圆形，大小为 7
图例	图表下方
饼图	
数据标签	包括类别名称和百分比
图表标题	2016 中国公有云市场占比
图例	无

（7）在第 12 张幻灯片中，参考考生文件夹下的"行业趋势三.png"图片效果，适当调整表格大小、行高和列宽，为表格应用恰当的样式，取消标题行的特殊格式，并合并相应的单元格。

（8）在第 13 张幻灯片中，参考图 29-18 所示的图片制作"结束页"，并完成下列任务：

图 29-18　结束页

1）将版式修改为"空白"，并添加"蓝色，强调文字颜色 1，淡色 80%"的背景颜色。

2）制作与上图完全一致的徽标图形，要求徽标为由一个正圆形和一个"太阳形"构成的完整图形，徽标的高度和宽度都为 6 厘米，为其添加恰当的形状样式；将徽标在幻灯片中水平居中对齐，垂直距幻灯片上侧边缘 2.5 厘米。

3）在徽标下方添加艺术字，内容为 CLOUD SHARE，恰当设置其样式，并将其在幻灯片中水平居中对齐，垂直距幻灯片上侧边缘 9.5 厘米。

（9）按照如下要求，为幻灯片分节：

节名称	幻灯片
封面	第 1 张幻灯片
云服务概述	第 2～5 张幻灯片
云服务行业及市场分析	第 6～8 张幻灯片
云服务发展趋势分析	第 9～12 张幻灯片
结束页	第 13 张幻灯片

（10）为第 2 节、第 3 节和第 4 节每一节应用一种单独的切换效果。

（11）按照下表要求为幻灯片中的对象添加动画：

对象	动画效果
幻灯片 4 中的 SmartArt 图形	"淡出"进入动画效果，逐个出现
幻灯片 7 中左侧图表	"擦除"进入动画效果，按系列出现，水平轴无动画，单击时自底部出现"市场规模（亿元）"系列，动画结束 2 秒后，自左侧自动出现"同比增长率（%）"系列
幻灯片 7 中右侧图表	"轮子"进入动画效果

（12）删除文档中的批注。

参考文献

[1] 龚沛曾，杨志强. 大学计算机上机实验指导与测试. 6 版. 北京：高等教育出版社，2013.

[2] 何振林，胡绿慧. 大学计算机基础上机实践教程. 4 版. 北京：中国水利水电出版社，2016.

[3] 陆铭，徐安东. 计算机应用技术基础实验指导. 2 版. 北京：中国铁道出版社，2013.

[4] 廉佐政. 大学计算机基础上机实训教程. 北京：中国铁道出版社，2013.

[5] 何振林，罗奕. Visual Basic.NET 程序设计上机实践教程. 北京：中国水利水电出版社，2018.

[6] 吉燕，赫亮，陈悦. 全国计算机等级考试二级教程——MS Office 高级应用上机指导. 北京：高等教育出版社，2017.